农民教育培训·果树产业兴旺

果树

高效栽培与果园立体种养实用技术

岑文展　李泽虎　李　娜 ◎ 主编

中国农业科学技术出版社

图书在版编目（CIP）数据

果树高效栽培与果园立体种养实用技术／岑文展，李泽虎，李娜主编．—北京：中国农业科学技术出版社，2019.9

ISBN 978-7-5116-4388-9

Ⅰ．①果…　Ⅱ．①岑…②李…③李…　Ⅲ．①果树园艺　Ⅳ．①S66

中国版本图书馆 CIP 数据核字（2019）第 195106 号

责任编辑　白姗姗
责任校对　贾海霞

出 版 者　中国农业科学技术出版社
北京市中关村南大街 12 号　邮编：100081
电　　话　(010)82106638(编辑室)　(010)82109702(发行部)
(010)82109709(读者服务部)
传　　真　(010)82106650
网　　址　http://www.castp.cn
经 销 者　各地新华书店
印 刷 者　北京建宏印刷有限公司
开　　本　880mm×1 230mm　1/32
印　　张　6
字　　数　162 千字
版　　次　2019 年 9 月第 1 版　2020 年 8 月第 2 次印刷
定　　价　35.00 元

《果树高效栽培与果园立体种养实用技术》
编　委　会

前　言

近些年来，我国果树种植生产虽然呈现出迅猛发展的势态，在果树栽培面积、产量上大幅度提高，已经跃居世界首位，成为水果生产大国。

果园立体高效种养技术就是把种植业和养殖业有效结合起来，达到生产出高营养、无污染、安全性强的无公害绿色有机果品的目的。并实现资源的高效利用，为原来单一发展水果种植的农户带来了新的发展机遇。

本书主要讲述了苹果高效栽培、梨高效栽培、柑橘高效栽培、桃高效栽培、核桃高效栽培、猕猴桃高产栽培、葡萄高产栽培、樱桃高产栽培、草莓高产栽培、枣高效栽培、果园立体种养模式与实用技术的内容。

由于编者水平所限，加之时间仓促，书中不尽如人意之处在所难免，恳切希望广大读者和同行不吝指正。

编　者

目　　录

第一章　苹果高效栽培

苹果至今已有 2 000 多年的栽培历史。苹果外观艳丽、营养丰富、供应期长、耐储藏，又有较广泛的加工用途，能满足人们对果品的多种需求。

第一节　生长结果习性

一、根系

根系分布受砧木和土壤理化性状的影响。乔化砧木根系分布在 15~60cm 的土层内，矮化砧分布在 15~40cm 的土层内。土温达 3℃时开始生长，7℃时生长加快，20~24℃最适合根系生长。苹果根系一年有 3 次生长高峰。土壤含水量达到田间持水量的 60%~80%时，最适合苹果根系生长。

二、芽

苹果的芽按性质分为叶芽、花芽两种。苹果的花芽为混合芽。叶芽萌发要求的平均温度为 10℃左右。花芽在 8℃以上时开始萌动。

三、枝

枝一年有两次明显的生长高峰，称为春梢和秋梢。

四、开花与结果

苹果的花芽分化，多数品种都是从 6 月上旬（短果枝和中果枝停止生长）开始至入冬前完成。花序为伞房状聚伞花序。聚伞花序开花 5~8 朵，中心花先开，边花后开，以中心花的质量最好，坐果稳，结果大，疏花疏果时应留中心花和中心果。

长、中、短果枝均能结果，盛果期以短果枝结果为主。

苹果是异花授粉植物，大部分品种自花不能结实。苹果一般有 4 次落花落果。第一次在末花期，称为落花。原因是未能受精的花。第二次在落花后 2 周左右，子房略见增大，可持续 5~20d，称为前期落果。原因是受精不完全。第三次在第二次落果后的 2~4 周，北方的物候期发生在 6 月，故称“6 月落果”。原因是新梢生长与果实生长竞争养分。第四次在果实采收前 3~4 周，落下成熟或接近成熟的果实，故称采前落果。

五、果实生长发育

苹果的果实是由子房和花托发育而成的假果。果实的发育只有一次生长高峰，呈单“S”形生长曲线。生长过程分为果肉细胞分裂期和细胞体积膨大期。

六、对外界气候条件的要求

苹果属低温干燥的温带果树，要求冬无严寒，夏无酷暑。适宜的温度范围是年平均气温 9~14℃，年平均温度在 7.5~14℃的地区，都可以栽培苹果。苹果需要土壤深厚，排水良好，含丰富有机质，微酸性到微碱性。适宜的 pH 值为 5.7~7.5。土壤含水量达到田间持水量的 60%~80%为宜。生长后期维持在 50%左右。苹果是喜光树种，光照充足，才能生长正常。日照不足，花芽分化少，营养贮存少，开花坐果率低，果实含糖量低，着色差。

第二节　育　苗

一、苹果育苗嫁接材料的选择

在长治市果树良种苗木繁育中心院内开展试验，以树液开始流动木质部位与韧皮部位没有离层为嫁接期。

二、苗木处理

对所选的苗木进行编号，并按照三角形选择树势中等的苗木为对象，按照处理要求，分别在不同的部位嫁接 20 个芽，共 1 000 个芽。

三、取芽片

接穗随采随接，可以确保嫁接苗的质量。嫁接时首先在芽下方 1.2cm 处，由浅入深地切削，在到达木质的 1/3 位置时停止，再纵向切削，深度为 2.3cm。之后接上处理过的枝芽，并在枝芽上方的 1.0cm 位置做一圆形切口，并用手捏住芽，获得芽片。此时，要保证芽片内部应带上维管束，最大程度保证枝芽成活率。在取芽成功后，肉眼可以观察到芽片呈扁平形状，长度约为 2.6cm，芽位于正中位置。

四、制作接穗

将冬季采集的接穗（接穗被存放在恒温冷库中，并且用塑料薄膜保温处理，避免水分流失）在距离枝芽的 2.0cm 位置制作削面，对芽进行处理。削面时将下剪口刀刃放在接穗口面，另一个剪口放在要削的接穗上，像削铅笔似的削下一面，确保接穗能够稳定地插到树枝上；嫁接前准备好耐拉的布条、保险刀片与黄油，所剪下的品种接穗用湿毛巾包好（此时应打去片叶，只留下 0.5cm 的叶柄)。

五、切砧木

所选择的砧木粗度为 0.5~0.8cm 即可，将 1 年生山定子留 5~8cm，剪成马蹄形之后，于断面上靠近上方的 1/3 位置处做 2~3cm 的切口。

六、插芽片

取出品种接穗，在剪口下方 0.5cm 的位置从芽的两侧向下削出 2 个斜面，再在单芽上方 1cm 位置切断，立刻用刀片横断处理砧木新梢。之后将单芽接穗放置在砧木切口中，形成层对齐后，用布条从砧木下方逐渐向上缠绕，让接芽裸露在外侧，上部切口用黄油密封。

在上述嫁接过程中，应重点关注以下问题。

一是保证接穗的粗度应大于砧木的粗度。

二是在使用塑料薄膜捆绑时，必须露出嫩芽，避免嫩芽在后期成长阶段因为塑料而被“烤死”。

三是在剪切果树树枝时，必须要保证切口锋利，并在剪切前对刀具进行消毒，保证剪切处理的效果。

第三节　建　园

一、选地与准备

苹果对土壤适应性较强，要求土层深厚、肥沃、富有机质、排水良好的微酸性至中性地块建园。苹果植地选好后，在建园时，要重视修建排灌水沟，使得旱天有水可灌，雨季有涝能排。种植前要做好深耕细耙，碎土，去除杂草，接着进行挖穴，穴深 80cm，直径 100cm，挖好后，待土壤熟化，就进行回土入穴，在回土时要在穴内放入厩肥 50kg，并将肥与土混合，待以栽植。

二、栽植时期

秋栽有利于苗木伤根恢复，成活率高，恢复生长早。

三、栽植密度

对于肥沃园地每亩（1 亩 ≈ 667m²。全书同）栽植 28 株，一般园地栽植 32 株，而瘠薄园地栽植 50 株即可。

第四节　土、肥、水管理

一、果园土壤管理

（一）果园杂草管理

果园尽量不施用除草剂，草甘膦、百草枯对果树根系都有伤害。连续多年施用除草剂不仅使土壤板结，而且使果园杂草种类结构变坏，禾本科杂草逐渐被高秆的有贮藏根或贮藏茎的杂草所取代。

正确的方法应该是，在 5 月将所有的高秆及有贮藏根茎的杂草连根清除掉。等到 6 月禾本科杂草长出时，就不再连根清除，只是过高时割掉地上部分，一般全年需割茬 3~4 次。

（二）果园土壤的培肥

培肥果园土壤必须增施有机肥，同时将落叶、杂草、纸袋等都埋到树盘下。我们的做法是一袋化肥配合一袋有机肥，亩产 5 000kg 以上的高产果园要格外增施 2~3 袋有机肥。

尽量采取果园自然生草，马唐、牛筋草等禾本科的杂草都可以。如果引进国外草种，要考虑水浇条件是否能满足需要。因为大多数国外的生草品种在春季与果树争水的矛盾比较突出。

三叶草、苜蓿等易发生白粉病、红（白）蜘蛛、蚜虫等病虫害。

（三）果园土壤的调理

对于酸性土壤要施用偏碱性土壤调理剂，如优质硅钙镁效果较好。对于石灰性土壤要施用富含氨基酸、腐殖酸的土壤调理剂。对于黏质土壤要重施硅钙镁并填埋秸秆，对于沙质土壤要重施富含粗蛋白和有机质的有机肥，如饼肥。

二、果园肥料管理

（一）尽早施足底肥

摘果后及早施足底肥，有利于根系贮藏营养的积累。底肥中应该施入全部有机肥、全部土壤调理剂和 80% 以上的化肥。施肥量要根据产量来决定，氮、磷、钾比例要根据树龄和土壤养分状况来决定。

（二）适时适量施好追肥

追肥的时间至关重要，一般土壤较深厚的果园只在第二个膨果期开始前追肥 1 次就可以，追肥量要根据每棵树的挂果量和肥料的种类及含量来决定。

如普泽威盛速溶膨果肥，每株 300~500 个果追施 500g 就可以，每增加 500 个果，增施 500g。这样既可以保证果个大小又可以保证着色好，表光好。如果此时施入过多的氮肥，会造成痘斑病的发生，并有可能使果实返绿着色不好，还有可能使叶片僵绿，不能正常转黄落叶，影响养分回流。

对于土壤过于瘠薄的土壤，可在早春追 1 次氮肥，套袋后追 1 次复混肥，追肥数量要根据挂果量确定。为了控制痘斑病的发生，6 月 20 号以后一定要控制氮肥的施用。

（三）正确施用好根外肥

为了防冻害、补充微量元素、保花保果等目的，人们会在萌芽到套袋前这段时间，喷施多种肥料，少则两三种，多则四五种。这不仅增加了果农的投入，施用不当还会对果面造成伤害。选择一种安全高效的叶面肥在早期施用，对全年的苹果生产非常重要。如德国进口的“爱吉富”叶面肥，集防冻害、保花保果、补充微量元素、促进生长、提高药效、保护果面等多种功效为一体，实惠、安全、高效。

对于根系发育不良、有死根烂根的树，树势弱、枝干病害严重的树，可在 3 月用 50～100 倍液的鱼肽素灌根，每株 10～15kg 稀释液。

三、苹果园水分管理

（一）及时浇水

果园灌溉的几个关键点包括：化冻水、花前水、膨果水、摘袋水、封冻水。

早春化冻时天气变化无常，冷暖交替，浇好化冻水，保持土壤湿润可以调节果园小气候，提高果树抗冻害能力，封冻水的道理也是如此。

土壤干旱时，土壤孔隙变大，土壤温差变大，果树根系就很容易受冻害；苹果花期需要消耗大量的水分，如果开花后再浇水，容易使花期延长，谢花都不整齐，导致果实的大小差别大，等级不整齐。

果实膨大期是需水高峰，也是确保果个大小和产量的关键时期，此时干旱缺水，对产量影响甚大，务必注意。

摘袋前浇水对苹果产量和品质都至关重要，果实从摘袋到摘果一般还能增大一个等级，保持土壤湿润既有助于上色又可预防果面失水、裂口等问题。

（二）适当控水

对于盛果期果树，在新梢旺长期可以适当控水，以利于控制新梢生长，促进花芽分化。

（三）建立完善果园排灌系统

目前，大多数果园只能浇不能排，雨季果园渍水现象严重。许多果农认为，只要地表没水，进地不粘脚就行。事实上，苹果树的吸收根主要集中在20～40cm，雨季排水不及时，常使20cm以下的根系缺氧窒息而致死。吸收根死亡会增加干腐病、苦痘病、黑点病等病害发生，影响果皮上色和表光，降低果实品质。因此，必须挖好排水沟。

第五节　整形修剪

一、保持分枝干枝健康，延长出果期

如果伸展角度过大或后效果枝减弱，应适当收回伸枝，抬起头，使后效果枝群饱满而强健，伸枝应保持一定的优势。同时，“营养枝、开花枝、果枝”的比例应适当，果枝应在3～5年内更新，使多数果枝处于健康状态。

二、限制产量，提高质量，克服大小年的情况

在冬季修剪时，应根据树木的情况，确定合理的剩余枝条和花蕾数量。当花的数量过大时，应将稀疏而脆弱的花枝簇稀疏，并在分枝部位收回过长的果枝，以减少花和叶的数量。

三、调整分枝的数量，改善通风透光条件

建议逐渐去除主枝的过大的次枝和上枝，按年去除小枝和中冗余枝，以扩大层间空间。同时，树高保持在3.5m左右，主要分枝数在2~3年内保持在10个以内，亩分枝数保持在6万~8万。

第六节　花果管理

一、萌芽期

萌芽前整地、中耕除草。全园喷 1 次杀菌剂，可选用 10% 果康宝、30%腐烂敌或腐必清、3～5 波美度石硫合剂或 45%晶体石硫合剂。

花芽膨大期，对花量大的树进行花前复剪；追施氮肥，施肥后灌一次透水，然后中耕除草。丘陵山地果园进行地膜覆盖穴贮肥水。

花序伸出至分离期，按间距法进行人工疏花，同时，疏去所留花序中的部分边花。全树喷 50%多菌灵可湿性粉剂（或 10%多抗霉素、50%异菌脲）加 10%吡虫啉。上年苹果棉蚜、苹果瘤蚜和白粉病发生严重的果园，喷一次毒死蜱加硫黄悬浮剂。

随时刮除大枝、树干上的轮纹病瘤、病斑及腐烂病和干腐病和干腐病病皮，并涂腐殖酸铜水剂（或腐必清、农抗 120、843 康复剂）杀菌消毒。

二、开花期

人工辅助授粉或果园放蜂传粉，蜜蜂授粉。

盛花期喷 1%中生菌素加 300 倍液硼砂防治霉心病和缩果病；喷保美灵、高桩素以端正果形，提高果形指数；喷稀土微肥、增红剂 1 号促进苹果增加红色；花量过多的果园进行化学疏花。

对幼旺树的花枝采用基部环剥或环割，提高坐果率。

三、幼果期

花后及时灌水1~2次。结合喷药，叶面喷施0.3%尿素或氨基酸复合肥、0.3%高效钙2~3次。清耕制果园行内及时中耕除草。

花后7~10d，喷1次杀菌剂加杀虫杀螨剂。可选用50%多菌灵可湿性粉剂（或70%甲基硫菌灵）加入四螨嗪或三唑锡。花后10d开始人工疏果，疏果需在15d内完成。疏果结束后，果实套袋前2~3d，全园喷50%多菌灵可湿性粉剂（或70%代森锰锌可湿性粉剂、50%异菌脲可湿性粉剂）加入25%除虫脲或25%灭幼脲、20%氰戊菊酯。施药后2~3d红色品种开始套袋，同一果园在1周内完成。监测桃小食心虫出土情况，并在出土时地面喷布辛硫磷或毒死蜱。

夏季修剪。应及时疏除萌蘖枝及背上枝。对果台副梢和结果组中的强枝摘心，对着生部位适当的背上枝、直立枝进行扭梢。

四、花芽分化及果实膨大期

采用1：2：200波尔多液、多菌灵、甲基硫菌灵、代森锰锌等杀菌剂交替使用。防治轮纹病、炭疽病，每隔15d左右喷药1次，重点在雨后喷药。斑点落叶病病叶率30%~50%时，喷布多抗菌素或异菌脲。未套袋果园视虫情继续进行桃小食心虫地面防治，然后在树上卵果率达1%~1.5%时，喷联苯菊酯或氯氟氰菊酯或杀铃脲悬浮剂，并随时摘除虫果深埋。做好叶螨预测预报，每片叶有7~8头活动螨时，喷三唑锡或四螨嗪。腐烂病较重的果园，做好检查刮治及涂药工作。

春梢停长后，全园追施磷钾肥，施肥后浇水，以后视降水情况进行灌水。覆盖制果园进行覆盖，清耕制果园灌水后及时中耕除草，生草制果园刈割后覆盖树盘。晚熟品种在果实膨大期可追一次磷钾肥，并结合喷药叶面喷施2~3次0.3%磷酸二氢钾溶液。

提前进行销售准备工作。早熟品种及时采收并施基肥。

继续做好夏季修剪工作。

山地果园进行蓄水，平地果园及时排水。

五、果实成熟与落叶期

采收前20~30d红色品种果实摘除果袋外袋，经3~5d晴天后摘除内袋。同时采前20d全园喷布生物源制剂或低毒残留农药，如1%中生菌素或百菌清或27%铜高尚悬浮剂，用于防治苹果轮纹病和炭疽病。树干绑草把诱集叶螨。果实除袋后在树冠下铺设反光膜，同时进行摘叶、转果。秋剪疏除过密枝和徒长枝，剪除未成熟的嫩梢。

全园按苹果成熟度分期采收。采前在苹果堆放地，铺3cm细沙，诱捕脱果做茧的桃小食心虫幼虫。采后清洗分级，打蜡包装。黄色品种和绿色品种可连袋采收。

果实采收后（晚熟品种采收前）进行秋施基肥。结合施基肥，对果园进行深翻改土并灌水。检查并处理苹果小吉丁虫及天牛。捡拾苹果轮纹病和炭疽病的病果。

落叶后，清理果园落叶、枯枝、病果。土壤封冻前全园灌防冻水。

六、休眠期

根据生产任务及天气条件进行全园冬季修剪。结合冬剪，剪除病虫枝梢、病僵果，刮除老粗翘皮、枝干残留的病瘤、病斑，将树下的病残组织及时深埋或烧毁。然后全园喷1次杀菌剂，药剂可选用波尔多液、农抗120水剂、菌毒清水剂、3~5波美度石硫合剂或45%晶体石硫合剂。

进行市场调查。制订下一年度果园生产计划，准备肥料、农药、农机具及其他生产资料，组织技术培训。

第七节　病虫害防治

一、苹果树腐烂病

1. 为害部位

该病多生在苹果树干、大枝和杈丫部分。

2. 防治方法

（1）及时刮治。要做到随时发现，随时刮治。刮时，要将刮口刮得平整光滑，以利于愈合。

（2）清除病源。要经常清除树上病皮、枯桩、病枝，集中烧毁。

（3）采用抹泥。做法：一年中4—11月都可进行，用土和成泥，贴于病处，厚度5cm，宽要比病疤大6cm，并压实，外用塑料薄膜捆紧，可防水分蒸发和防止抹泥脱离病处，效果好。

二、苹果花腐病

1. 为害部位

该病在叶、花、幼果和嫩枝上为害。

2. 防治方法

（1）清除病源。在春秋两季要将落叶、落花、落果收集一起深埋。

（2）在发病初期，人工摘除病叶、病花、病果集中烧毁。

（3）在苹果发芽前喷石硫合剂1次。

三、军配虫

1. 为害部位

该虫以成虫和若虫为害叶片，影响树势，造成结果树花芽分化受影响；幼树发生严重的，全株枯亡。

2. 防治方法

（1）在苹果落叶前的秋季，于树干基部离地面上 30cm 左右，绑一束稻草，待隆冬解开稻草，并就地彻底烧毁，予以消灭。

（2）在越冬代成虫出蛰盛期，以第一代若虫全部羽化、个别羽化成白翅时，用 90%晶体敌百虫 100 倍液喷雾即可。

四、金龟子

1. 为害情况

成虫和幼虫都为害苹果树。

2. 防治方法

（1）在园外空地设诱虫灯，以及按一定距离设火堆，并结合园内人工捕打，驱赶成虫飞向灯火诱杀。

（2）在苹果园外一定范围，种植适量玉米，作为屏障，金龟子较喜食玉米叶，就可以用人工以及药剂杀灭。

五、苹果枝天牛

1. 为害情况

该虫在苹果产区普遍发生，以幼虫在 1~2 年生枝条内蛀食为害，受害枝条常被吃空而枯亡。

2. 防治方法

（1）在 6 月成虫发生季节捕杀成虫。

（2）6 月下旬开始经常检查新梢受害情况，若新梢受为害，要立即剪除烧毁。

第二章　梨高效栽培

梨在我国有几千年的栽培史。其果实既营养丰富，又具很高的医用价值。除海南省外，全国各地都有栽培，在国内栽培面积和产量仅次于苹果与柑橘。

第一节　生长结果习性

一、根系

根系分布较深，达2m以上，但大量的水平骨干根和须根分布在距地面15~40cm处；根系生长有两次高峰：第一次高峰在6月上中旬，新梢停止生长时；第二次高峰在9月中下旬，果实采收后。

二、花芽

梨花芽分化的时期在6月上旬至7月下旬；先开花后展叶，先边花后中间花；大部分品种自花不实；大多花芽顶生。

三、果实

坐果率高，易形成大小年；果柄较长，易受风灾，果实重（大多数品种在250~400g），易受风害脱落。

四、枝

分为生长枝和结果枝。结果枝又分为长果枝、中果枝和短果枝。

五、开花习性

梨花为伞形或伞房花序，在1个花序中外围花先开，中心花后开，1个花序着生5~9朵花，每朵花有花瓣5~6个。开花需在10℃以上气温。气温低，湿度大，开花慢，花期长。而气温干燥，阳光充足，则开花快，花期短。

梨树是自花不实的树种，需要适当配置授粉树，才能达到受精坐果。在生产实践中常看到受精后梨果实形状、色泽、品质上有一定的变化，这种变化称为花粉直感现象，可见正确选择授粉树和辅助授粉十分重要。

梨在年周期中一般有3次落花落果，第一次是落花，第二次是落果，出现在落花后，第三次在第一次落果后1周左右，这次落果多在5月上旬发生。引起落花落果的原因，第一、第二次主要是授粉受精不完全而产生落花落果，第三次落果虽与前者有关，但主要是营养和水分不足，土壤管理不善或氮肥过多，夏梢过量，引起梢果争夺养分矛盾，均会造成大量落果。

六、与修剪有关的习性

梨树体高大，树势健壮，生长较慢，寿命较长。对幼龄梨树的修剪要比苹果轻。否则，树体生长慢，结果晚，盛果期延迟。同时，在整形修剪时，要比苹果树有更长远的考虑。既要培养好树体骨干，又要注意树冠的扩大；既要促其早结果、早丰产和长期高产、优质，又要注意防止结果部位过快外移，造成主、侧枝后部光秃，影响产量、品质。

幼树顶端优势明显，干性强，枝条直立，树冠不开张，容易出现上强下弱；而进入盛果期以后，主枝角度变大，又容易下垂。所以，整形修剪时，幼树应注意开张骨干枝角度、适当多留辅养枝，限制树高，扩展树冠；成龄树，应注意抬高骨干枝角度。在梨产区流行的“幼树锯口在上，老树锯口在下”的说法，就是幼树开张角度，老树抬高角度的意思。梨树枝条的长短枝分化明显，转化力弱，枝组类型差异较大。梨树大量结果以后，很易形成短果枝群，修剪时要注意更新复壮。

梨树隐芽寿命长，经修剪刺激后，很易萌发抽枝，利于更新。梨树枝条前期生长较快，顶、侧芽均较充实、饱满，较易成花。所以，梨一般品种比苹果结果早。因此，对梨的幼树，要在加强综合管理的基础上，适当轻剪、长放，以利早结果、早丰产。

第二节　育　苗

一、沙藏法

我们一般对梨树育苗种子的处理方法采用沙藏法。将梨树的种子用水浸泡，充分洗净，拌和后放在向阳避风处，下铺塑料薄膜，上盖5cm左右的湿沙子，上面再铺一层塑料薄膜。通过一个冬季低温处理，处理好即可播种。

二、地势选择

梨树育苗的地势应选择背风向阳、日照好、稍有坡度的开阔地。如果是地下水位过高的地块，要做好排水工作。一些坡度较大的地方，都不宜作苗圃。

三、浇水

梨树种植注意选择有水利条件的地方。种子萌发和插条生根、发芽，均需保持土壤湿润。幼苗生长期根系较浅，耐旱力弱，要及时灌水，促使幼苗健壮生长。

第三节　建　园

一、园地选择

选择较冷凉干燥、有灌溉条件、交通方便的地方，梨树对土壤适应性强，以土层深厚、土壤疏松肥沃、透水和保水性强的沙质壤土最好。

二、授粉树配置

梨大多数品种自花不实，必须配置其他品种作授粉树，授粉品种应选择与主栽品种亲和力强、花期相同或相近、花粉量多，发芽率高，并与主栽品种互为授粉树的优质丰产品种，一个主栽品种宜配 1~2 个授粉品种，比例为（3~4）：1。

三、苗木定植

1. 定植时期

一般秋季 10 月定植最好，也可在春季梨苗萌芽前定植。

2. 栽植密度

株行距（2.0~2.5）m×(4~5)m。

3. 苗木准备

选用苗高 1m 以上、干径 1cm 以上、嫁接口愈合良好、根系发达、无病虫害的优质壮苗，苗木根系注意保湿。

4. 定植

在改土后挖大穴，将苗木根系舒展、均匀放于坑中，然后回填细表土，边填土边提苗，再踏实，使根系与土壤接触紧密，使嫁接口与土面齐平，灌足定根水，待下渗后，再盖一层干细土，用黑色塑料薄膜或稻草覆盖保湿。

四、土、肥、水管理

增施有机肥，通过测土配方平衡施肥，保证营养元素协调供应，适当减少氮素化肥。施肥：果实发育后期，多施氮钾肥，会使果实成熟和着色延迟，结果少。而施大量氮肥时会使果实延迟成熟，粗皮大果，品质下降，反而结果多；施氮肥少时，又会着色早但果色较淡。氮肥不足时味酸果小，磷肥不足时味酸不甜，但多施磷肥能使果汁中的酸减少，促进成熟，钾能增酸使味浓，钾过量时导致缺镁，果肉质变粗，钙、镁能调节土壤酸度，增施有机肥有利提高品质。合理用水，做到旱能浇、涝能排，保持土壤相对含水量在60%～80%。

第四节　整形修剪

一、梨树的顶端优势

梨树的顶端优势、干性表现特别强，枝条的生长差异大。中心干及主枝延长枝常常生长过强、上升及延伸过快，容易形成树冠抱合，树冠易出现上强下弱；主枝上由于延长枝生长过快，主侧枝间易失去平衡，如不注意培养，甚至不能培养出侧枝，容易出现前旺后弱，前密后空。因此，在修剪时要对中干延长枝适当重截，并及时换头，以控制上升过快，增粗过快。必要时可以歪倒中央干，既可以来填补主枝留用的不足或作辅养枝，又可用歪倒枝基部发出的枝，代替原来的延长枝，以缓和长势。为使延长枝向开张角度方向延伸，可用背后枝换头，即剪口留的第一芽为上芽，翌年疏除第一芽萌发的枝条，改成背后枝带头。

二、梨树定植

梨树定植第一年是缓苗阶段，长势弱。第一年不要确定主枝，可以不进行冬剪，或者对所发的枝条去顶芽留放，并在选好的主枝位置上目伤（刻芽），使之翌年发枝较旺。翌年按强枝重短截，弱枝轻短截的方法来进行。梨树往往一年选不出3~4个主枝，需要对所留下的枝条短截时要偏重一点，如果修剪过轻，则长势偏旺，其他的主枝则不好选留。中干延长枝也要重短截，这样可以选留一部分第一年没有留好的主枝，与上一年选留的主枝棚距不远，长势也差不多。对其他未选留的枝要拉枝开角，使之形成较多的枝叶量，早结果。当影响主枝延伸时，要用截、缩、疏的方法来处理。

三、梨树幼树生长期

梨树幼树生长期的发枝量少，分生枝条角度小。幼树的整形修剪尽量少疏枝或不疏枝，多行拉枝和目伤：对主枝开角要从基部开始，角度一般为50°~60°，砂梨一般发枝较少，所以开角一般不应小于60°，或更大，以增加发枝量，否则易形成主枝上密生短果枝及短果枝群，侧生枝条既少又弱，无好的侧枝，这样的树产量低而且易衰老。拉枝以后要注意每年进行梢角开张，如梢头上翘，则易出现前强后弱，内膛光秃。延长枝要适当短截，使主枝和侧枝多发枝，不要单轴延伸过长，力求枝量增加，扩大开张面。短截时应在饱满芽前的1~2个弱芽处截，这样发芽多而均匀，后部萌发的短枝也壮。

四、梨树的结果枝组

梨树的结果枝组大多有单轴延伸的特性。在梨树修剪时，要尽量多运用短截的方法，使其多发枝，使枝组呈扇形面展开。并在结果以后及时地运用回缩方法，使其形成比较牢靠、紧凑的结果枝组。对中心干上的辅养枝、主枝基部的枝条要多留，要掌握逐步进行，分别培养，有空就留，无空就疏，不留就去，不打乱骨干枝结构的原则来进行。为了培养后部枝条，主枝、侧枝的延长不宜太快及伸得过远，一般第一层主枝长度在2.5~3m比较合适，放得远了，内部空隙过大，产量上不去，以后改造起来比较费工、费事。

五、梨树的萌芽率

梨树萌芽率高，成枝力弱。梨树的大部分品种，几乎都存在萌芽率高、成枝弱的特点。但不同的品种间也有差异，一般情况下秋子梨系统的品种成枝力较强，砂梨较弱。在修剪时要特别注意对幼树促生分枝，以便爬选择和培养主枝和其他骨干枝，同时要注意运用缩剪来控制结果部位，以利于树体发育和稳产。

六、梨树的隐芽

梨树隐芽寿命长，利于更新。梨树经修剪刺激后，容易萌发抽枝，尤其是老树或树势衰弱以后，大的回缩或锯大枝以后，非常易发新枝，这是与苹果有所区别的不同之处。

七、梨树的长枝

梨树的长枝有春、夏梢之分，但是没有秋梢梨树的长、中、短枝的划分，与苹果基本相似，但也有所不同。长枝是在中枝的基础上，又生长了一段时间，在6月下旬以前停止了生长。这段新梢虽然与苹果的秋梢相似，但因它是5月下旬至6月下旬生长的，所以称为“夏梢”。春梢上的芽与枝条所成的夹角较大，夏梢上的芽与枝条所成的夹角较小。在修剪的过程中，应充分利用这一特点，以开张角度。梨梢无论春、夏梢上的芽都非常充实，这一点与苹果有所不同，修剪时要充分注意。

第五节　花果管理

一、休眠期

制订果园管理计划。准备肥料、农药及工具等生产资料，组织技术培训。

病虫害防治。刮树皮，树干涂白。清理果园残留病叶、病果、病虫枯枝等，集中烧毁。

全园冬季整形修剪。早春喷布防护剂等防止幼树抽条。

二、萌芽期

做好幼树越冬的后期保护管理。新定植的幼树定干、刻芽、抹芽。根基覆地膜增温保湿。

全园顶凌刨园耙地，修筑树盘。中耕除草。生草园准备播种工作。

及时灌水和追肥。宜使用腐熟的有机肥水（人粪尿或沼肥）结合速效氮肥施用，满足开花坐果需要，施肥量占全年20%左右。若按每亩定产2 000kg，每产100kg果实应施入氮0.8kg，五氧化二磷0.6kg、氧化钾0.8kg的要求，每亩施猪粪400kg，尿素4kg，猪粪加4倍水稀释后施用，施后全园春灌。

芽鳞片松动露白时全园喷一次铲除剂，可选用3~5波美度石硫合剂或45%晶体石硫合剂。梨大食心虫、梨木虱为害严重的梨园，可加放10%吡虫啉可湿性粉剂2 000倍液消灭越冬和出蛰早期的害虫及防治梨大食心虫转芽。在根部病害和缺素症的梨园，挖根检查、发现病树，及时施农抗120或多种微量元素，在树基培土、地面喷雾或树干涂抹药环等阻止多种害虫出土、上树。

花前复剪。去除过多的花芽（序）和衰弱花枝。

三、开花期

注意梨开花期当地天气预报。采用灌水、熏烟等办法预防花期霜冻。

据田间调查与预测预报及时防治病虫害。喷 1 次 20%氰戊菊酯乳油 3 000 倍液或 10%吡虫啉可湿性粉剂 2 000 倍液，防治梨蚜、梨木虱。剪除梨黑星病梢，摘除梨大食心虫、梨实蜂虫果，利用灯光诱杀或人工捕捉金龟子、梨茎蜂等害虫。悬挂性诱捕器或糖醋罐，测报和诱杀梨小食心虫。落花后喷 80%代森锰锌可湿性粉剂 800 倍液防治黑星病。梨木虱、梨实蜂严重的梨园加喷 10%吡虫啉可湿性粉剂 1 000~1 500 倍液。

花期放蜂、人工授粉、喷硼砂。做好疏花。

四、新梢生长与幼果膨大期

生长季节可选用异菌脲可湿性粉剂 1 000~1 500 倍液等防治黑星病、锈病、黑斑病。选用 10%吡虫啉可湿性粉剂 1 500 倍液或苏云金芽孢杆菌、浏阳霉素等防止蛾类及其他害虫。及时剪除梨茎蜂虫梢和梨实蜂、梨大食心虫等虫果，人工捕杀金龟子。

果实套袋。在谢花后 15~20d 喷施 1 次腐殖酸钙或氨基酸钙，在喷钙后 2~3d 集中喷 1 次杀菌剂与杀虫剂的混合液，药液干后立即套袋。

土肥水管理。树体进入“亮叶期”后施肥，土施腐熟有机肥水（人粪尿或沼液等）或速效氮肥，适当补充钾肥（加草木灰等），每亩施猪粪 1 000kg、尿素 6kg、硫酸钾 20kg，施后灌水。并根据需要进行叶面补肥。同时进行中耕除草，树盘覆草。

夏季修剪。抹芽、摘心、剪梢、环割或环剥等调节营养分配，促进坐果、果实发育与花芽分化。

五、果实迅速膨大期

保护果实，注重防治病虫害。病害喷施杀菌剂，如 1：2：200 波尔多液、异菌脲（扑海因）可湿性粉剂 1 000~1 500 倍液等。防虫主要选用 10%吡虫啉可湿性粉剂 1 500 倍液、20%灭幼脲 3 号每亩 25g、1. 2%烟碱乳油 1 000~2 000 倍液、2. 5%鱼藤酮乳油 300~500 倍液或 0. 2%苦参碱 1 000~1 500 倍液等。

土肥水管理。追施氮、磷、钾复合肥，施后灌水，促进果实膨大。结合喷药多次根外追肥。干旱时全园灌水，中耕控制杂草，树盘覆草保墒。

夏季修剪。疏除徒长枝、萌蘖枝、背上直立枝，对有利用价值和有生长空间的枝进行拉枝、摘心。幼旺树注意控冠促花，调整枝条生长角度。

吊枝和顶枝。防止枝条因果实增重而折断。

六、果实成熟与采收期

红色梨品种。摘袋透光，摘叶、转果等促进着色。

防治病虫害，促进果实发育。喷异菌脲可湿性粉剂 1 000~1 500 倍液，同时混合代森锰锌可湿性粉剂 800 倍液等。果面艳丽、糖度高的品种采前注意防御鸟害。

叶面喷沼液等氮肥或磷酸二氢钾。采前适度控水，促进着色和成熟，提高梨果品质。采前 30d 停止土壤追肥，采前 20d 停止根外追肥。

果实分批采收。及时分级、包装与运销。

清除杂草，准备秋施基肥。

七、采果后至落叶

土壤改良，扩穴深翻，秋施基肥。每亩秋施秸秆 2 000 kg，猪粪 600kg、钙镁磷肥 30kg，加适量速效肥和一些微肥。

幼旺树要及时控制贪青生长。促进枝条成熟，提高越冬抗寒力。

土壤封冻前灌一次透水，促进树体安全越冬。

叶面喷布 5%菌毒清水剂 600 倍液加 40%乐斯本乳油 1 000 倍液加 0.5%尿素等保护功能叶片。树干绑草诱集扑杀越冬害虫。落叶后扫除落叶、杂草、枯枝、病腐落果等，并深埋或烧毁。树干涂白。

第六节　病虫害防治

病虫害也是影响梨树产量的原因之一，梨树的主要病害有白粉病、轮纹病和锈病，它们主要为害植株的叶片、果实，使植株不能正常生长发育、开花结果数少，严重者导致植株死亡，造成绝收。防治方法是农业防治结合化学药剂防治，种植前对树苗和土壤消毒处理，再喷洒药剂防治。梨树的主要虫害是蚜虫、梨木虱、梨大食心虫和梨茎蜂等，吸食幼嫩部位枝叶或啃食植株部位，影响植株生长和减产，同样结合两种方法防治，越冬前将植株周围的杂草杂物清除，减少虫源，发病时用药剂喷洒。

第三章　柑橘高效栽培

柑橘是世界第一大果树。全世界柑橘年产量有 1 亿多吨，种植面积高达 667 万 hm^2。中国是柑橘最重要的原产中心之一，有着悠久的种植历史。柑橘在所有的水果中，柑橘的鲜食、加工性能均好，基本上可以做到没有废料。

第一节　柑橘的生物学特征

柑橘性喜微酸、湿润环境，最适宜的生长温度为 29℃，最适合生长的相对湿度为 75%左右；平均生长寿命 50 年左右。柑橘树型比较矮小，树冠直立或呈自然圆头形或半圆头形。成枝力中等，枝条的顶端优势不强，分枝间势力均衡，常无明显主干，树形比较优美。

柑橘的花芽为混合芽，可在生长健壮的各类梢的先端依次形成。如新梢多次生长，则花芽发生的部位随之上移。结果枝有带叶果枝和无叶果枝两种。柑橘的花为雌雄同花，多单生或丛生，为完全花，能自花授粉结实。

第二节　育　苗

一、常用砧木品种

常用砧木品种有枳、红橘、香橙、酸橙、甜橙和酸柚等。

二、常用嫁接方法

春季采用单芽切接或小芽腹接法；秋季采用单芽枝腹接法，嫁接成活率较高。

第三节　土、肥、水管理

一、熟化土壤

1. 深翻

每年要进行一次深翻，对柑橘园 20～40cm 土层进行翻动，近树颈处浅些，树冠外深些，结合增施有机肥，以改良和活化土壤。萌芽期、花期尽量不要深翻。

2. 培土覆盖

夏秋高温干旱，在树冠下每株培土高 5～10cm 防旱，冬季采果后，进行培土高 30cm 防寒。

3. 中耕松土

成年橘园春季杂草容易滋生，雨后土壤板结，结合除草疏松表土，夏季中耕切断毛细管，减少水分蒸发。

二、合理施肥

1. 早施基肥

早熟品种在 10 月中下旬，中熟品种宜在 11 月中旬或采果后，每株施腐熟有机肥 20～30kg，磷肥 3～5kg，石灰 1～1.5kg，复合肥 1～2kg，施肥量占全年的 35%～40%，结果多，大树多施，小树少施。

2. 巧施追肥

（1）春芽肥。一般在 2 月下旬至 3 月上旬春梢萌动期进行。

以施用高比例的氮、磷复合肥为宜，配合施用腐熟的有机肥。株施尿素0.5~1.0kg，人粪尿20~30kg，复合肥2kg。施肥量占全年施肥的20%。

（2）稳果肥。施肥量占全年10%，5月中上旬一般株施复合肥1kg，开花结果多的多施，结果少的不宜施。

（3）壮果促梢肥。7月下旬至8月上旬株施腐熟饼肥1.5~2kg，人粪尿20~30kg，硫酸钾1~2kg，施肥量占全年的25%~30%。

3. 施肥方法

（1）条状沟施肥。山地果园通常采用条状沟施肥方式，即在树冠滴水线处，开深20~30cm、宽30cm的条沟，沟长根据树冠而定。下次施肥在树冠的另外两侧开沟，施肥后盖土。

（2）放射沟施肥。在树冠投影距树干1~1.5m处，按树冠大小，向外开放射状沟4~6条，沟深20cm，宽30cm，靠近树干处开浅些，逐步向外沿开深些，施肥后盖土。这方法适用于较窄的梯台。

三、水分管理

1. 排涝

山地橘园主要做好水土保持，防止水土流失和山洪暴发，以及排除定植穴和扩穴沟积水。

2. 防旱

高温干旱期，要及时灌水防旱，一般每7~10d浇1次水，结合土壤松土后覆盖20cm厚的草层。

第四节　建　园

一、橘园的选择

选择土壤肥沃、质地疏松、土层深厚、保水排水性好，心土松软的红壤、沙壤土建园。坡向以南向、东南或马蹄形山窝建园为好，西向北向要注意营造防护林。坡度选择5°~15°建园为佳。

橘园附近必须有水源。

二、合理配置密度

现代柑橘建园技术推广宽行密株和宽行稀株两种模式。在方便管理的同时能大幅度提高柑橘品质，增加柑橘生产效益。宽行密株行距5~6m，株距2~3m，每亩植38~67株。山地宜密，平地宜稀。

三、栽植时间

裸苗春、秋两季都可定植，以春季定植为佳，一般在3月上旬橘芽萌发前定植为宜。容器苗全年均可定植，其最佳定植时间是春梢发生结束后。

四、栽植

挖大穴，施足基肥。通常要求挖深0.8m、宽1m的定植穴，把心土和表土分开放，每穴施入腐熟有机肥30~50kg，石灰1.5~2.0kg，腐熟菜饼1kg，钙镁磷1.5~2kg与表土充分混匀填入穴内，肥土要踏紧。定植时苗木置入定植穴后，再用小刀划开并取出营养袋，扶正苗木，填土踏实即可。

第五节　修　剪

一、修剪时期

以春季修剪为主，夏秋季（7 月底至 8 月初）修剪为辅。

二、修剪方法

（一）按各类枝条不同进行

密生枝：掌握三留二，五留三，除弱留强。

交叉枝、重叠枝：要去弱留强，抑上促下进行疏剪。

下垂枝：温柑枝条有下垂特性，可以保留结果，适当短剪。

枯枝、病虫枝：可随时剪除，并集中烧毁。

徒长枝：适当短截，降低分枝部位。

结果枝：粗壮保留，生长过弱、过密应剪除。

结果母枝：生长弱的母枝，要剪除或短截到强壮枝处；结果母枝集中的部位，可短截一部分作为预备枝。

（二）按树体的结果量与树势不同进行

生长正常树的修剪：对生长正常、健壮的稳产树修剪程度要轻，仅剪除病虫枝、枯枝及过密枝，树冠内部和下部的梢枝要少剪、多留，促进多结果。

大年结果树的修剪：冬剪时以轻剪为主，多留营养枝，也可以夏剪，剪去衰弱过密的春梢、落花落果枝以及枯枝等。

小年结果树的修剪：冬剪要重，多疏删弱密枝，回缩部分枝梢，短截部分长梢，适当控制翌年花量，平衡树势。在夏季修剪时，可疏去密生枝、细弱枝，对萌生过多过强的夏梢，应行删除或短剪。

衰退树的修剪：大部分枝梢生长衰弱，但仍有一部分枝梢生长正常，并有一定结果能力的衰退树，应采取去弱留强，短截轮换更新的修剪方法。对1年生衰弱新梢从基部剪去；对侧枝下部具有壮梢的2~3年生衰退枝组，从壮梢前3cm处剪去；侧枝下部无壮梢的，则从基部剪去，修剪时间以5月为好；对生长势弱严重衰退的树，应采用骨干枝短截更新的方法，在5—6月抽生夏梢之前，将树冠5级以上的各级分枝全部剪除，再通过抹芽控梢，争取在1~2年内形成丰满树冠，正常结果。

三、修剪过程中注意事项

修剪前先观察全树生长结果的情况，决定修剪程度、修剪方法，不要匆忙开剪，一株树修剪后，应反复检查一遍，有漏剪或修剪不够的，再行补剪。

修剪时应从树冠内部开剪逐步向外修剪，先剪去交叉重叠的大枝，然后再剪小枝，顺序进行。

修剪小枝时，要以一个大的主枝为单位，先剪去枯枝、病虫枝、密生枝、细弱枝、下垂枝，最后修剪结果枝和结果母枝。

修剪操作要细致，不能留残桩，不能斜剪；剪口或锯口要平滑；大剪口或大锯口要修平，涂保护剂（常用石硫合剂渣加黄泥）防止病菌侵入。

第六节　花果管理

一、幼龄树的管理

（一）树体管理

（1）整形定干。栽植后留主干35~40cm剪顶，并把离地30cm以下的嫩芽抹除，培养主干粗壮。

（2）选留主枝。在主干上部选留3~4个生长健壮、分布均匀的枝条培养为主枝。分枝角度保持45°左右，其余抹除，在各主枝上选留 3~5 个方向错开的枝条培养为侧枝。

（3）摘心除萌。春梢生长停止后，留 15~20cm 进行短截。每个春梢上留 2~3 个生长良好夏梢。夏梢停止生长后留 20~25cm 左右进行短截，每个夏梢上留 2~3 个秋梢。秋梢长到 25cm 左右进行摘心。主干上的不定芽和砧芽要及时除抹。

（4）摘除花蕾。温州蜜柑定植后就有花蕾，必须极早摘除。

（5）剪除杂枝。幼树第一年不宜多剪，只对丛生、密生、重叠、交叉、横生的枝条剪除。第二年修剪掌握：分枝多，分布均匀，留 3~5 条主枝；分枝多，上部强、下部弱，应控上促下；两个主枝对生，分枝角度适当，可保留；各主枝生长不平衡，要重截强枝，分枝角度不均匀要进行拉枝，枝条生长弱的要适当轻剪。近地面基部着生两个主枝要留强去弱。第三年以后继续把主枝副主枝培养成延长枝，适当保留一些侧枝。

（二）防冻

（1）搭棚防寒。霜冻来临时，用竹子搭一个三角架，上面覆盖稻草。

（2）培土。用泥土或火烧土、土杂肥培兜，可保护根颈，避免根部受冻。

（3）刷白。冬季树干用生石灰 1 份、水 6~8 份、食盐 0.1 份配成白涂剂刷白。

二、成年树保花保果

在谢花 2/3 时喷 20mg/kg 赤霉素或 5406 细胞分裂素 800 倍液+0.2%硼砂和 0.2%磷酸二氢钾 1 次；5 月上旬和 6 月中下旬各喷 1 次 30mg/kg 水溶性防落素或 800 倍液 5406 细胞分裂素+0.2%磷酸二氢钾和 0.3%尿素，提高坐果率。

第七节 病虫害防治

所有柑橘苗木的病虫害都是以预防为主的，可每隔 7d 喷洒 1 次 600 倍的波尔多稀释液，这样，能对病虫害起到很好的预防作用。

高温季节也是病虫害的高发期，这时，柑橘容易受到蚜虫的侵袭，对于蚜虫，主要以预防为主，可以用氧化乐果 800 倍稀释液进行喷洒，时间可以选择在 10—11 时或 16 时以后，通常每隔 5d 喷洒 1 次即可。为了防治叶枯病的发生，每隔 5d 要喷洒 1 次 500 倍的甲基托布津稀释液。

第四章　桃高效栽培

桃果实风味优美，营养丰富，具特殊香味，为夏秋季市场上的主要鲜销果品，是我国主要果树之一。适应性强，栽培容易，结果早，易丰产。

第一节　生长结果习性和对环境条件的要求

一、生长结果习性

桃为落叶小乔木。根系属浅根性，生长迅速，伤后恢复能力强。芽具有早熟性，萌发力强，在主梢迅速生长的同时，其上侧芽能相继萌发抽生二次梢、三次梢。但在二三次梢上，无芽的盲节很多。桃的成枝力也较强，且分枝角常较大，故干性弱，层性不明显，中心主干易早期自然消失。不同品种间分枝角度不同，形成开张、半开张和较直立的不同树姿。隐芽少而寿命短，其自然更新能力常不如其他树种。

桃花芽容易形成，进入结果期早。树冠中长、中、短各类枝条均易成为结果枝，花芽为纯花芽。大部分桃品种能自花结实，异花授粉能提高结实率。

果实发育可分快—慢—快 3 个时期。其中第二期为硬核期，品种间差异较大，早熟品种仅 7 ~ 10d，常使胚发育不全，或形成软核。生理落果分前后两期。前期落果在花后 3~4 周内发生，主要是由于受精不完全所引起。后期落果是受精幼果的脱落，主要发生在硬核期开始的前后。此期正处于植株的养分转换期，落果与碳水化合物及氮素的供应不足有关，干旱也能促进脱落。但是，如果此期供应的氮素和水分过多，引起新梢徒长，器官间对养分的竞争加剧，则同样会导致落果。

二、对环境条件的要求

桃属喜温性的温带果树树种，适宜的年平均温度南方品种群为 12～17℃，北方品种群为 8～14℃。冬季通过休眠阶段时需要一定时期的相对低温，一般需 0～7.2℃的低温 750h 以上，低温时数不足，休眠不能顺利通过，常引起萌芽开花推迟且不整齐，甚至出现花芽枯死脱落的现象。花期要求 10℃以上的气温，如花期遇气温降至−11～−3℃时，花器就容易受到寒害或冻害。

桃性喜干燥和良好的光照。耐旱性极强，不耐涝，适宜于排水良好的壤土或沙壤土上生长。光照充足，则树势健壮，枝条充实，花芽形成良好；光照不足时，内膛枝条多易枯死，致结果部位很快外移。

第二节　育　苗

生产上桃树育苗多用嫁接繁殖。砧木普遍用毛桃或山桃。进行矮化栽培时，可用毛樱桃、郁李作为桃的矮化砧。接穗以选用复芽或带有复芽的枝段为最佳。

种子秋播或春播都可以。秋播出苗整齐，出苗早，幼苗生长快而健壮，且可省去种子沙藏手续，一般在晚秋至初冬土壤结冻前进行。春播种子需经沙藏层积处理，毛桃需 100～120d，然后在种子萌动前播入土中。沙藏天数不足时影响发芽率。每亩需种子 75～120kg，可育苗 8 000～10 000 株。也有先在苗床中集约播种育苗，而后再行移栽的。

桃秋季生长停止较苹果和梨为早，砧木生长速度也快，芽接时期早于苹果和梨，长江流域一般多在 7—8 月进行。如能提前至6月中旬以前芽接，成活后并采用折砧或两次剪砧的方法，可在当年成苗出圃。具体嫁接方法，过去采用“T”形芽接法为多，近年多用嵌芽接法。

夏秋来不及芽接或芽接未活的砧木苗，可用枝接法补接。枝接一般采用切接法。长江流域在秋季9—10月及翌年春萌芽前均可进行，淮北地区宜掌握在春季桃芽萌发之前。注意保持好接口和接穗剪口的湿度，是提高成活率的关键。

第三节　建　园

桃对土壤要求不严，一般土壤均可建园。盐碱土应先行改良，否则易患缺铁性黄叶病。土壤黏重的丘陵坡地应开沟建园，避免土壤下层积水。老园地重茬植桃，常导致树体生长不良、枝干流胶、叶片失绿、新根褐变等，严重时造成成片死树，建园时应予避免。

品种方面要因地制宜。城市近郊可多选软溶质的品种，早熟品种的比例也可大一些。城市远郊及山区宜适发展较耐贮运的硬肉桃或硬溶质的品种。当果园中栽植不产生花粉或花粉少并缺乏生活力的一些品种时，一定要配植授粉品种。即使是自花能结实的品种，选用几个品种相互配植，也能提高结实率和产量。不同成熟期的品种还可避免劳力过分集中和延长鲜果的供应时期。

栽植密度根据品种生长势、土壤肥瘠和管理条件而定。一般平地株行距4~5m，山地株行距（3~4）m×(4~5)m。桃枝展速度快，特别在高温多湿地区不宜过分密植，否则前期虽可获得高产，后期树冠交接后产量即锐减。有管理经验的地区，密度可大一些。

第四节　土、肥、水管理

桃根系呼吸作用旺盛，正常生长要求土壤有较高的含氧量。除秋冬落叶前后结合施用基肥进行深翻外，生长期间宜经常中耕松土，保持树盘范围内的土壤通气性良好。遇有滞水、积水现象应及时排除，不使根系受渍。

桃比较耐瘠薄。幼树期需肥量少，施氮过多易引起徒长，延迟结果。进入盛果期后，随产量增加和新梢的生长需肥量渐多。综合各地桃园对氮、磷、钾三要素的吸收的比例，大体为10：(3~4)：(6~16)。每生产100kg的桃果，三要素的吸收量分别为0.5kg、0.2kg和0.6~0.7kg。具体施肥量最好以历年产量变化及树体生长势作为主要依据。叶分析的适量标准值，据原京农业大学测定，三要素分别为2.8%~4.0%（N）、0.15%~0.29%（P_2O_5）和1.5%~2.7%（K_2O）。

具体施肥要求如下：第一次为基肥，以有机肥为主，适当配合化肥，特别是磷肥，结合晚秋深耕施入，施肥量占全年总量的50%~70%。第二次为壮果肥，以氮肥为主，结合磷、钾肥，在定果后施用。第三次在果实急速膨大前施入，以速效磷、钾肥为主，结合施用氮肥，主要对中晚熟品种，可促进果实肥大，提高品质，并可促进花芽分化。此外，有条件时，在8—9月中晚熟品种收获后，以氮肥为主施用一次补肥，有利于枝梢充实和提高树体内贮藏营养的水平。必要时还应注意补充微量元素。

桃树需水量虽少，但发生伏旱时仍应进行必要的灌溉。夏季炎热季节灌溉需掌握在夜间到清晨土温下降后，以免影响根系生长，并宜速灌速排，不使多余水分在土壤中滞留。

正常管理条件下，桃多数品种的结实率较高，任其自然结实，果实变小，品质变劣，并削弱树势。生产上应疏果2次，最后定果不迟于硬核期结束。留果数量主要根据树体负载量，并参考历年产量、树龄、树势及当年天气情况等而定。具体疏果时可按（0.8~1.5）：1的枝果比标准留果，或按长果枝留果3~5个，中果枝1~3个，短果枝和花束状果枝留1个或不留，二次枝留1~2个的标准掌握。先疏除萎黄果、小果、病虫果、畸形果和并生果，然后再根据留存果实的数量疏除朝天果、附近无叶果及形状较短圆的果实。

第五节　整形和修剪

根据桃的生长习性，整形时宜采用自然开心形或改良杯状形的树形。

自然开心形树形的特点是，主干高30~50cm，其上错落或邻近培养三大主枝，相距10~12cm。主枝每年直线外延，开张角40°~50°，每主枝上在背斜侧间隔一定距离再培养2~3个侧枝，开张角60°~80°，构成树体骨架。然后在主枝、侧枝上培养结果枝组结果。这种树形修剪量轻，成形快，结果早；枝头间距较大，主枝、侧枝可形成两层，充分利用空间立体结果，故产量较高。缺点是整形技术要求较高，内膛枝组过多、过密时会影响果实品质。

具体整形时，在苗木50~70cm高处定干。翌春萌芽后，将离地30cm以内的芽抹去，在其上方选留3个主枝。主枝间需保留一定的间距，方位适当，开张角度过小的主枝应在生长期间拉枝调角。冬季主枝留60cm短截，剪口芽选用外侧饱满芽，保持主枝以一定的角度逐年向外延伸。剪口附近另注意留一外侧芽，萌发后培养作为侧枝。为避免与主枝发生竞争，侧枝也可在晚一年形成。每主枝上培养2~3个侧枝。

翌年冬季，各主枝的延长枝留50cm短截，和上年方法相同，养成延长枝和第二侧枝。在主枝、侧枝上则多留小枝组，以增加结果部位和荫蔽主枝起保护作用。第三年以后，也如上年同样处理。一般4~5年树形即可基本形成。最后全树保持主枝、侧枝7~9个，各骨干枝枝头间保持80~100cm的间距。

改良杯状形树形由杯状形改进而来。在整形的头两年仍按杯状形的要求培养主枝，即在主干上方选邻接或邻近的3个新梢培养为主枝，冬剪时主枝留左右两侧的芽发生分枝，构成“三股六杈”。从第三年开始，主枝灵活分枝，可直线顺延，并适当培养外侧侧枝。然后在各级主枝、侧枝上培养枝组结果。树形完成后，全树有骨干枝7~12个。

幼年桃树生长旺盛。修剪上应采用轻剪长放和充分运用夏季修剪技术，以缓和树势，提前结果。夏季修剪包括抹芽、摘心、扭梢和剪梢等工作。位置不当的芽容易发生旺条，应及早抹除。

生长前期摘心有利于促发二次枝，形成良好的结果枝，提前结果；旺枝扭梢更能促进花芽的形成。此外，对生长郁闭的幼年树，在6月中下旬及8月停梢期进行疏梢、剪梢，对改善树冠光照，提高有效结果枝比例的作用都很显著，并可减轻冬剪的工作量。因此，夏季修剪是幼年桃树管理中很重要的一个环节。

同时，幼年桃树还应注意结果枝组的培养。桃树小枝组的结果年限很短，易衰亡，应以培养中大型枝组为主。中大型枝组多在骨干枝两侧的中间部位培养，一般采用先截后放的方法，同方向中大型枝组需保持40~60cm的间距，以使光照良好，但其中可以安插小枝组。

进入盛果期后，桃树树冠内膛及下部枝条容易枯死，结果部位外移很快。此期修剪应随结果量的增加而逐年加重，要加强枝组和结果枝的培养及更新，注意维持稳定的树势，必要时还要对骨干枝进行回缩更新。当枝组上的结果枝结果后，如下部抽生健壮结果枝的，可在其上方进行缩剪。如下部或附近结果枝的数量较多，也可将枝组下部的长果枝留 2~3 芽重短截作为预备枝，以促进更新。所以，对全树不同枝组要放缩结合。

第六节　花果管理

一、促花措施

在桃树长到一定大小、仍未形成理想的花芽数量时，可采取一些促花技术，使其提早结果。桃幼树的促花应在其干径达 2cm 以上时进行，常用的促花措施主要有以下几项。

1. 加强土肥水管理

从 7 月上旬开始，每 20d 左右土壤追肥 1 次，肥料种类以磷、钾肥为主，配合氮肥。此时应适当控水，如土壤墒情较好，一般不用浇水。雨季注意及时排涝，雨后结合除草经常进行中耕松土。

2. 根外追肥

每隔 10d 左右喷布 1 次叶面肥。如磷酸二氢钾、光合微肥、稀土多元复合肥、氨基酸复合微肥等，以增加树体营养，促进花芽分化。

3. 喷施 PBO 促控剂

自 7 月上中旬前后，当新梢的平均长度达 40~50cm 时，开始喷布 100~150 倍的 PBO 稀释液，以抑制营养生长，促使花芽形成。一般喷 2~3 次，每次间隔 15d 左右。具体应根据树体的长势确定，旺树可喷 2~3 次，较弱的树也可喷 1 次。喷后多数新梢停止生长即可。

4. 拉枝开角

拉枝是控旺促花的有效措施，拉枝后的开张角度，可掌握骨干枝为 50°~60°，辅养枝拉平（90°左右），并向缺枝和空位处调拉。

5. 新梢摘心

对旺长新梢长到30~40cm时，保留20~30cm进行摘心，使新梢及时停止生长，以增加碳水化合物的积累，促进花芽形成。

6. 冬季轻剪

冬季修剪时，除延长枝短截外，应疏除过密枝、竞争枝和病虫枝，其余枝缓放，以缓和树势，促进成花。

二、保花保果

桃树多数品种结实率较高，但有的品种或有些年份也常出现较重的落花落果现象。

（一）落花落果的时期和原因

桃树的落花落果一般集中在3个时期，原因较为复杂。

第一个时期在花后1~2周内。主要原因是雌蕊退化，花粉粒生活力低，花器受冻或花受到病虫为害等，造成授粉受精不良而引起。

第二个时期在花后3~4周。当子房膨大至蚕豆大小时，因受精不完全，胚发育受阻，幼果缺乏胚供应的激素而脱落。另外，树体储藏营养不足或花果过多，营养消耗过度，也能引起落果。

第三个时期是在硬核期。一般在5月下旬至6月上旬，又称六月落果。引起这次落果的原因较多，主要有光照不足，营养不良，尤其氮素缺乏，胚中途停止发育；营养生长过旺，新梢与果实争夺养分和水分；硬核期水分过剩或亏缺等。

前两次都是连同花柄或果柄一起脱落，第三次落果是果柄和花托残留在树上，仅果实脱落。

（二）保花保果的措施

各桃园的具体情况不同，引起落花落果的原因各异，必须针对具体情况，采取相应的措施。

1. 加强肥水管理

通过加强果园肥水管理，提高树体营养水平，是提高坐果率的重要途径。如秋季早施基肥，提高树体的储藏营养。生长季及时追肥，随时补充树体营养的不足。硬核期控制适宜的土壤湿度，使土壤的相对湿度保持在60%左右，做到旱灌涝排，土壤湿度过大时，应及时划动松土散墒。

2. 防治病虫害

桃树的花期很容易受到蚜虫的为害，如果花期喷药或用药不当，就会引起大量落花落果。因此为防止花期受到蚜虫等的为害，可在芽萌动期喷布一遍杀虫剂，但应禁止使用桃树敏感的乐果、氧化乐果等药剂。另外，在整个生长季，要加强对叶片病虫害的防治，保护好叶片，从而提高花芽质量和增加树体储藏营养水平，提高坐果率。

3. 合理整形修剪

首先要培养良好的树体结构，保持树冠通风透光；其次应注重生长季修剪，及时疏除过密枝，对旺长新梢进行摘心，拿枝等，调节好营养生长与生殖生长的关系。

4. 配置授粉树

对于无花粉或少花粉的品种必须合理配置授粉树。即使是有花粉的品种，适当配置授粉树也能提高坐果率。

5. 人工辅助授粉

桃虽然是自花结实率较高的树种，但在气候异常（如风沙、阴雨天气等）时和异花授粉的品种，人工辅助授粉能明显提高坐果率。常用的人工辅助授粉的方法有点授法和滚授法。

6. 花期放蜂

桃树花期既可以放蜜蜂，也可以放角额壁蜂。蜜蜂一般每公顷桃园放 3~5 箱。角额壁蜂每亩放蜂 130~150 头。

7. 合理负载

在冬季修剪时、花芽膨大期及花期，疏除过多的花芽和花，坐果后合理疏果，能有效地减少树体营养消耗，提高坐果率。

（三）桃奴的产生与防治

有些桃树品种，如五月鲜、六月白、深州水蜜等，在幼果长到鸡蛋黄大小时，就有一部分果实停止了膨大，直到成熟时，果实仍然很小，几乎仅是正常果的 1/3~1/2，群众把这类小果称为“桃奴”。桃奴果核薄，不坚硬，有种皮，无种仁或种仁很小，果实成熟晚，味甜，商品价值很低。

产生桃奴的原因比较复杂，但其主要原因是性细胞发育异常，造成授粉受精不良所致。如栽培的品种本身为无花粉、少花粉或自花不孕的品种，并且所配置的授粉树不足，影响授粉受精；花期气候不适宜，低温冻害使花粉败育；子房受伤，而不能正常授粉受精；花芽质量低劣，营养供应不足等均能使桃奴增多。

为减少桃奴，除选择花粉量大、自花结实率高的品种并合理配置授粉树外，还要进行人工辅助授粉或花期放蜂；生长季加强树体综合管理，采取一切有利于花芽、花和幼果正常发育的措施，如增施有机肥、适量灌水、防止冻害、控制旺长等都是行之有效的。另外据试验，对旺树、旺枝进行摘心，可改变营养物质的分配，有利于果实的发育，对减少桃奴有明显的效果，并且摘心越重，效果越好。

三、疏花疏果

桃多数品种坐果率较高，为减少树体营养消耗，提高果实品质，保证丰产稳产，应严格疏花疏果。

（一）疏花疏果时期

疏花一般在花蕾期和花期进行，主要疏除个小、畸形和果枝基部的花及双花。保留果枝中上部发育健壮的花和单花。预备枝上的花全部疏除。

疏果分1~2次进行，第一次在生理落果前的4月下旬至5月上旬（已疏花的树也可不进行第一次疏果）。主要疏除果枝基部小果、畸形果、双果及过密果，疏除总疏果量的60%~70%。第二次疏果也称定果，一般在5月下旬至6月上旬生理落果后进行。应先疏早熟品种、大果型品种及坐果率高的品种等。

（二）疏果的标准

定果应根据品种、树势、树龄及栽培管理条件等确定留果量。生产上常根据果枝类型确定，例如，树势健壮的大果型品种，长果枝留2~3个果，中果枝留1~2个果。每2~4个短果枝留1个果，每5~8个花束状果枝留1个果。树势偏弱时，可适当减少留果量。中小型果的品种可适当增加留果量。也可根据叶果比确定留果量，一般为（30~40）：1。目前生产中也有的根据间距法确定留果量，即大型果品种每隔20~30cm留1个果；中小型品种每隔15~20cm留1个果。

四、果实套袋

桃果套袋不仅能防止病虫为害，减少裂果，使果皮细嫩，果面光洁，色泽艳丽，增进果实的外观品质，提高商品价值，而且能减轻农药污染，还可减少罐藏桃花青素含量，防止加工中变色。

目前生产上采用的纸袋有桃果专用单层袋和双层袋。单层袋内为黑色，双层袋内袋为白色，外袋内为黑色。总之，最好选择遮光性较好的纸袋，特别是果实底色较绿的品种，而对纸袋的纸质要求不太严格。纸袋的规格一般为170mm×239mm。

套袋时间应在生理落果后，一般从6月上中旬开始，7月上旬结束。套袋过早无效袋增多，浪费纸袋。套袋过晚，效果欠佳。套袋前先喷布一遍杀虫剂和杀菌剂，药液干后立即套袋。如果土壤干旱，套袋前2~3d还应灌一次透水，以调节果园小气候，防止果实日烧。一天中应选择8—11时和14—18时套袋，早晨露水未干时不能套袋，并要避开中午的高温期，以免果实发生日烧。

套袋时应先将袋体鼓起，使通气放水口张开，套住果实，使幼果在袋内悬空，再将袋口的开口处骑在果枝上，然后折叠袋口，并用扎丝绑住袋口的叠层。操作时不要将新梢及叶片套入袋内，袋口要扎严，以防病虫从袋口处侵入。

鲜食果一般于采收前10~15d除袋，以促进果实着色。为防止果实日烧，双层袋要先除去外层袋，3~5d后再去内层袋。单层袋先开口通风，3~4d后再摘下。如果土壤过干，摘袋前2~3d应灌一次小水，增加果实的蒸发量，降低果实体温，防止日灼。但水量不宜过大，否则易降低果实含糖量，影响果实品质，严重时还能造成裂果。罐藏用果实不用除袋，采收时连同纸袋一起摘下。

五、提高果实品质的途径

1. 选择适宜的园址

园地的自然条件与果实品质有很大关系。桃树属喜光性强的果树，而且抗旱不耐涝。因此，建园时应选择光照充足、地下水位低、通气性良好的壤土或沙壤土，有利于提高果实品质。

2. 选用优良品种

选栽优良的品种是提高果实品质的先决条件。当前，桃树新品种不断涌现，品种更新速度加快，品质差异较大。因此要根据市场需求，选用适销对路的优良品种。但是，一个优良的品种不可能在任何条件下都能充分发挥其优良性状，如山东肥城桃，只有在当地才能表现出其优良的品质，所以在选择品种时，既要考虑品种的优良性，又要考虑品种的适应性，结合当地的环境条件，科学地进行引种。对品种混杂和单一的老果园，应进行高接改良，优化品种结构。

3. 加强土、肥、水管理

重视深翻改土，改善土壤理化性状，提高土壤保肥保水能力。增施有机肥，尤其是绿肥，可促进果实着色，提高含糖量，改善糖酸比。追肥应注意氮、磷、钾配合使用，增施磷、钾肥可起到增色增甜的作用。氮肥能增大果个，提高产量，但使用量和使用时间必须根据树体需要和土壤肥力来确定，偏施或过多施用氮肥，会使果实风味变淡，色泽变差，糖分降低，病果增多，不耐储运。最后一次追肥必须在果实成熟采收前 30d 进行。禁止使用硝态氮肥。

在果实发育期应保持合理的土壤湿度，水分不足或过多对果实品质都有严重影响，水分供应不均，尤其是前期过干，后期水分过多，能引起裂果，特别是油桃。一年中应掌握“春灌，夏排，秋（果实成熟期）稍干”的水分管理原则。

4. 合理整形修剪

培养良好的树体结构，保持主从分明，使枝条分布合理，改善树冠内的通风透光条件，也是提高果实品质的重要措施。

5. 严格疏花疏果

保持适当的叶果比，改善果实生长的营养条件，既有利于增大果个，又有利于提高果实品质。

6. 及时防治病虫害

在防治病虫害中要做好预测预报，抓住有利时机，选用高效、低毒、低残留的农药，严格掌握用药量和用药次数，推广应用生物防治。果实成熟前停止使用农药，减少果实中的农药残留量，以生产无公害“绿色”果品。

7. 果实套袋

果实套袋可减少裂果，使果皮细嫩，果面光洁，色泽艳丽，增进果实的外观品质。但套袋能降低果实中可溶性固形物的含量，影响内在品质。因此生产中应根据具体情况灵活掌握。

8. 果实脱毛

普通桃果皮表面被有一层绒毛，既给采收、包装和消费带来许多不便，又一定程度地影响了果实的外观品质。在果实着色前喷布稀释 1 000~1 500 倍的粉锈宁溶液，不仅能防止桃树白粉病，也可脱除果实部分绒毛，增进果实着色，增加果面光洁度，改善果实外观品质。

9. 摘叶

采收前 7~10d，摘除果实周围的遮光叶片，并尽量摘黄叶、病叶、小叶、薄叶、衰老叶等，以改善果实光照，增进果实着色，提高含糖量。

10. 喷布营养液

果实发育期喷布 2~3 次腐殖酸液肥、稀土微肥、光合微肥、生物微肥等营养液，均能增进果实着色，增加含糖量，提高果实品质。但最后 1 次喷布时间要距果实采收期 20d 以上。

11. 适时采收

桃的果实成熟期不一致，同一品种，同一棵树上的果实，要根据其成熟度，分期分批适时采收。采收过早，果个小，产量低，品质差。采收过晚，果实易软烂，不耐储运。

第七节　病虫害防治

为防止果实病虫害，对中晚熟品种多进行套袋，同时也可提高果实的外观品质和防止裂果。套袋应在生理落果基本结束以后、病虫害发生以前进行。长江流域多在5月中下旬至6月初完成。如发现已有食心虫类害虫和桃蛀螟开始产卵，可先打药，再行套袋。全树套袋时应从上而下、由内而外进行，以免碰坏已套好的纸袋。为使套袋后的果实增加红晕，提高着色，采收前2~3d应将纸袋从下部撕开。

第五章　核桃高效栽培

核桃是我国北方栽培面积广、经济价值较高的木本油料果树。其种子具有较高的营养价值和良好的医疗保健作用，尤其是其中的亚油酸，对软化血管、降低血液胆固醇有明显作用。除此之外，核桃既是荒山造林、保持水土、美化环境的优良树种，也是我国传统的出口商品。

第一节　生物学特性

一、生长结果习性

（一）根系

核桃根系发达，为深根系果树，成年树主根可深达 6m，但主要根群集中分布在 20~60cm 土层中；侧根水平伸展超过 14m，集中分布在以树干为中心、半径为 4m 的范围内；根冠比通常为 2 左右。实生核桃在 1~2 年生时主根生长较快，而地上部生长慢，1 年生主根长度为树高的 5 倍以上，2 年生约为树高 2 倍，3 年生以后侧根数量增多，扩展加快；此时，地上部分的生长也开始加速，随着树龄增长，逐渐超过主根。早实核桃比晚实核桃根系发达，幼树表现尤为明显，是其能够提早结果的基础之一。此外，核桃具有菌根，对其树体生长和增产有促进作用。

（二）芽

依据形态结构和发育特点，核桃芽可分为 4 种类型。

（1）混合芽（雌花芽）。圆球形，肥大而饱满，覆有5~7个鳞片。晚实核桃多着生于结果母枝顶端及其下1~2节，单生或与叶芽、雄花芽叠生于叶腋间；早实核桃除顶芽外，腋芽也容易形成混合芽，一般2~5个，多者达20余个。混合芽萌发后抽生结果枝，结果枝顶端着生雌花序开花结果。核桃顶芽有真假之分。枝条上未着生雌花芽而从枝条顶端生长点形成的芽为真顶芽。当枝条顶端着生雌花芽，其下的第一侧芽基部伸长形成伪顶芽。

（2）雄花芽。雄花芽为裸芽。圆锥状，着生在顶芽以下2~10节，单生或与叶芽叠生。实际是雄花序雏形。萌发后抽生柔荑花序，开花后脱落。

（3）叶芽。着生于营养枝条顶端及叶腋或结果母枝混合花芽以下节位的叶腋间，单生或与雄花芽叠生。核桃叶芽有两种形态，顶叶芽芽体肥大，鳞片疏松，芽顶尖，呈卵圆或圆锥形。侧叶芽小，鳞片紧包，呈圆形。早时核桃叶芽较少，以春梢中上部的叶芽较为饱满。萌发后多抽生中庸、健壮的发育枝。

（4）潜伏芽。潜伏芽是叶芽，多着生在枝条基部或近基部，芽体扁圆瘦小，一般不萌发，寿命长达数十年至上百年，随树干加粗被埋于树皮中。

核桃雄花芽分化始于开花前后（4月下旬至5月上旬），至翌年开花前完成；混合芽分化始于果实硬核期（6月下旬至7月上旬），12月上旬基本停止；早实核桃的二次花于4月中旬始分化，5月下旬完成。此外，核桃的萌芽率和成枝力因品种类型差异较大，早实核桃萌芽、分枝力强，一般40%以上的侧芽都能发出新梢；而晚实核桃只有20%左右能萌发。分枝多、生长量大、叶面积多，这是早实核桃能够早结果的重要原因。

（三）枝

核桃枝有4种类型。

（1）结果母枝。指着生有混合芽的1年生枝。主要由当年生长健壮的营养枝和结果枝转化形成。顶端及其下 2~3 芽为混合芽（早实核桃混合芽数量多），一般长 20~25cm，而以直径 1cm、长 15cm 左右的抽生结果枝最好。

（2）结果枝。是指由结果母枝上的混合芽萌发而成的当年生枝，其顶端着生雌花序。健壮的结果枝可再抽生短枝，多数当年可形成混合芽，早实核桃还可当年萌发，二次开花结果。

（3）营养枝。指只着生叶片，不能开花结果的枝条。可分为两种：一种是发育枝，其生长中庸健壮，长度在 50cm 以下，当年可形成花芽，来年结果。另一种是徒长枝，由树冠内膛的潜伏芽萌发形成，长度约 50cm，节间较长，组织不充实，应夏剪控制利用。

（4）雄花枝。指顶芽是叶芽、侧芽为雄花芽的枝条。其生长细弱，节间极短，内膛或衰弱树上较多，开花后变为光秃枝。雄花枝过多是树势衰弱和劣种的表现。一般当日均温稳定在 9℃左右时核桃开始萌芽，萌芽后半个月枝条生长量可达全年的 57%左右，春梢生长持续 20d，6 月初大多停止生长；幼树、壮枝的二次生长开始于 6 月上中旬，7 月进入高峰，有时可延续到 8 月中旬。核桃背下枝吸水力强，容易生长偏旺。

（四）叶

核桃叶为奇数羽状复叶，每一复叶上的小叶数因种类而异，小叶面积由顶端向基部逐渐减小。当日均温稳定在 13~15℃时开始展叶，20d 左右可达叶片总面积的 94%。着生 2 个以上核桃的结果枝必须有 5~6 个的正常复叶，才能健壮生长，连续结果。低于 4 个以上复叶的果枝，难以形成混合芽，且果实发育不良。

（五）花

核桃为雌雄同株异花，异花序，雌雄异熟植物。雄花序为柔荑花序，长 6~12cm，有小花 100~170 朵，基部花大于顶部花，散粉也早，散粉期 2d 左右。雌花序为总状花序，顶生，单生或2~3朵簇生，还有呈葡萄状或串状着生的（早实核桃出现多，小花多为10~15朵，最多达30朵以上）。雌花无花被，仅总苞合围于子房外，当子房长达5~8mm时，柱头反曲，其表面呈明显羽状突起，分泌物增多，光泽明显时为盛开期，是最佳授粉期，持续时间大约5d。雌雄异熟是指同一株树上，雌花开放和雄花散粉的时间不能相遇。雌花先开的品种称为雌先型；雄花先开的品种称为雄先型。在建园时，要合理搭配品种，保证雌雄成熟期一致。核桃为风媒花，授粉距离与地势、风向有关，最大临界距离500m，但300m以外授粉效果差，最佳授粉距离在100m以内。

（六）果实发育与落花落果

核桃果实是由雌花发育而成，多毛的苞片形成青皮，子房发育成坚果，整个发育过程可分为4个时期。一是果实速长期。从坐果至硬核前，一般在5月初至6月初，持续35d左右，是果实生长最快的时期，生长量占全年总量的85%左右。二是硬核期。在6月初至7月初，大约35d。核壳从基部向顶部逐渐硬化，种仁由半透明糊状变成乳白的核仁，营养物质迅速积累，果实停止增大。三是油化期。在7月初至8月下旬，持续55d左右。果实有缓慢增长，种仁内脂肪含量迅速增加。同时，核仁不断充实，重量迅速增加，含水量下降，风味由甜淡变成香脆。四是成熟期。在8月下旬至9月上旬，15d左右。果实已达到该品种应有的大小，重量略有增加，果皮有绿变黄，有的出现裂口，坚果易脱出。此期坚果含油量仍有较多增加，为保证品质，不宜过早采收。核桃多数品种落果比较严重。自然生理落果30%~50%，集中在柱头枯萎后20d以内，到硬核期基本停止。

（七）花芽分化

在华北地区，雌花芽的生理分化期在6月中下旬至7月上旬，形态分化是在生理分化的基础上进行的，整个分化过程约需 10 个月。早实核桃的二次分化从 4 月中旬开始，5 月下旬分化完成，二次花距一次花 20~30d。

二、对环境条件要求

（一）温度

核桃是喜温果树。普通核桃适宜生长的年平均温度 9~16℃。休眠期温度低于-20℃时幼树即有冻害，低于-26℃时大树部分花芽、叶芽受冻，低于-29℃枝条产生冻害。铁核桃只适应亚热带气候，耐湿热，不耐寒冷。

（二）湿度

一般年降水量 600~800mm 且分布均匀的地区基本可满足核桃生长发育的需要。核桃对空气湿度适应性强，但对土壤水分较敏感。一般土壤含水量为田间最大持水量的 60%~80%时比较适合于核桃的生长发育，当土壤含水量低于田间持水量的 60%时（或土壤绝对含水量低于 8%~12%），核桃的生长发育就会受到影响造成落花落果，叶片枯萎。

（三）光照

核桃属喜光树种。最适光照强度为 60 000lx，结果期要求全年日照在 2 000h 以上，低于 1 000h 则核壳核仁发育不良。特别是雌花开花期，光照条件良好，可明显提高坐果率，若遇少雨低温天气，极易造成大量落花落果。

（四）土壤

核桃要求土质疏松、土层深厚、排水良好的土壤。在含钙的微碱性土壤上生长良好。适宜 pH 值 6.5~7.5，土壤含盐量应在 0.25%以下，稍微超过即会影响生长结实。

第二节　育　苗

采用嫁接法育苗。核桃枝条粗壮弯曲，髓心大，叶痕突出，取芽困难，又含有较多的单宁，还具有伤流特点，因此嫁接成活率较低。生产上可通过提高砧穗生理机能、增大砧穗接触面、加快操作速度以及砧木放水等综合措施提高嫁接成活率。下面以插皮舌接为例说明嫁接技术要求。

一、砧穗选择与处理

枝接接穗应在发芽前20~30d采自采穗圃或优良品种树冠外围中上部。要求枝条充实，髓心小，芽体饱满，无病虫害。将接穗剪口蜡封后分品种捆好，随即埋到背阴处5℃以下的地沟内保存。嫁接前2~3d放在常温下催醒，使其萌动离皮。在嫁接前2~3d将砧木剪断，使伤流流出，或在嫁接部位下用刀切1~2个深达木质部的放水口，截断伤流上升。且在嫁接前后各20d内不要灌水。

二、嫁接时期和方法

核桃嫁接时期以砧木萌芽后至展叶期为宜。要求接穗长约15cm，带有2~3个饱满芽。先用嫁接刀将接穗下部削成长4~6cm的马耳形斜面，然后选砧木光滑部位，按照接穗削面的形状轻轻削去粗皮，露出嫩皮，削面大小略大于接穗削面。把接穗削面下端皮层用手捏开，将接穗木质部插入砧木的韧皮部与木质部之间，使接穗的皮层紧贴在砧木的嫩皮上，插至微露削面，用麻皮或嫁接绳扎紧砧木接口部位。为提高嫁接成活率要特别重视接后的接穗保湿，用塑料薄膜（地膜）缠严接口和接穗或用蜡封接穗，接后套塑膜筒袋并填充保湿物等。

三、接后管理

核桃嫁接后应随时除去砧木上的萌蘖，如无成活接穗，应留下1~2个位置合适的萌蘖，以备补接。枝接的其他技术可具体参照育苗技术。此外，采用芽接时可在嫁接部位以上留1~2个复叶剪砧，待接芽萌发新梢长出4~5个复叶时解绑剪砧。

第三节　建　园

园址选择背风的山丘缓坡地及平地。土壤以保水、透气良好的壤土和沙壤土为宜，土层厚1m以上，未种植过杨树、柳树和槐树的地方。为保证授粉良好，应选择2~3个品种，能够互相授粉。或者专门配置授粉品种，主栽品种与授粉品种比例是8∶1以上。具体栽植方式有园片式、间作式栽培和零星栽植。一般多用间作式栽培，商品生产基地要求大面积连片栽植。在土层深厚、肥力较高条件下，可采用6m×8m或8m×9m的株行距；实行粮果间作核桃园，一般株行距为6m×12m或7m×14m；早实核桃可采用3m×5m或5m×6m的株行距，也可采用3m×3m或4m×4m密植，当树冠郁闭光照不良时，间伐成6m×6m和8m×8m。可春栽或秋栽，北方冷凉地区以春栽为宜。

第四节　整形修剪

核桃在休眠期修剪有伤流，其伤流期一般在10月底至翌年展叶时为止。为避免伤流损失营养，修剪应在果实采收后至落叶前或春季萌芽展叶后进行。对结果树以秋剪为主。幼树则可春剪为主，以防抽条。

在核桃生产中常用的树形有主干疏层形和自然开心形两种类型。主干疏层形基本结构与苹果主干疏层形相似，晚实或直立型品种主干高一般为1.2~1.5m，若长期间作、行距较大，主干可留到2m以上；早实核桃主干一般为0.8~1.2m。第一、二层层间距晚实核桃应留1.2~2.0m，早实核桃留0.8~1.5m。第2层与第3层间距一般在1m左右。主枝上第1侧枝距中干1m左右，第2侧枝距第1侧枝50cm。侧枝选留背斜侧，不选背后枝。此树形适于稀植大冠晚实类型品种、间作栽培方式、土层深厚及土质肥沃的条件。自然开心形一般无中心干，干高多在1m左右，主枝3~4个，轮生于主干上，不分层，主枝间距30cm左右。该树形适合于土层薄、肥水条件差的晚实核桃和树冠开张、干性较弱的早实核桃。而在密植核桃园可采用小冠疏层形，其树高一般控制在4.5m以下。

一、幼树整形修剪

主干疏层形定干高度晚实核桃1.2~1.5m，早实核桃1.0~1.2m。对主干疏层形，树形培养分4步完成。

在定干当年或第2年，在定干高度以上选留3个不同方向的健壮枝条作为第一层主枝，层内主枝间距20~40cm。第一层主枝选留完毕后，除保留中干外，其余枝条除去。

选留2个壮枝作为第二层主枝。同时在第一层主枝上选留侧枝，各主枝间的侧枝方向要相互错开，避免重叠、交叉。

早实核桃在5~6年时，晚实核桃在6~7年时，继续培养第一、二层主枝的侧枝。

继续培养一二层侧枝，选留第三层主枝1~2个，第二层与第三层间距1.0m左右。幼树修剪的主要任务是短截发育枝、处理背下枝和徒长枝、控制和利用二次枝。发育枝采用中短截或轻短截。除主、侧枝延长枝外，还应短截侧枝上着生的旺盛发育枝，短截量一般占总枝量的1/3；背下枝应区分情况及时控制和处理，一层主侧枝的背下枝全部疏除，二层以上主侧枝的背下枝，可用来换头开张角度，有空间的控制利用结果，过密的则疏除。徒长枝可从基部疏除。在空间允许的前提下可采用夏季摘心或先短截后缓放，将其培养成结果枝组；早实核桃过多造成郁闭者，应及早疏除。如生长充实健壮并有空间时，可去弱留强，夏季摘心后，培养成结果枝组。

二、结果树修剪

结果初期树修剪的主要任务是继续培养主、侧枝和结果枝组，充分利用辅养枝早期结果，尽量扩大结果部位。采取先放后缩、去强留弱等方法培养结果枝组，使大小枝组在树冠内均匀分布，保证良好的光照。对已经影响主侧枝生长的辅养枝，逐年缩剪，给主侧枝让路。对背下枝多年延伸而成的下垂枝，应及时回缩改造成枝组或及时疏除。疏大枝时，锯口要留小枝。

进入盛果期［一般要在 15 年（早实核桃 6 年）左右］，修剪的重点是维持树体结构，防止光照条件恶化，调整生长结果关系，控制大小年。采取落头开心，打开上层光照。回缩下垂骨干枝、疏除过密外围枝和内膛枝条。注重枝组复壮更新，小枝组去弱留强，去老留新；中型枝组及时回缩更新，使其内部交替结果，维持结果能力；大型枝组控制其高度和长度，对已无延长能力或下部枝条过弱的大型枝组，应及时回缩。

三、衰老树更新复壮

衰老树更新复壮分小更新和大更新。小更新一般从大枝中上部分枝处回缩，复壮下部枝条。小更新几次后，树势进一步衰弱，再进行大更新。大更新是在大枝的中下部有分枝处进行回缩，促发新枝，重新形成树冠。

第五节　土、肥、水管理

核桃园进行深耕压绿或压入有机肥是提早幼树结果和大树

丰产的有效措施，深耕时期在春、夏、秋三季均可进行，春季于萌芽前进行，夏秋两季在雨后进行，并结合施肥和将杂草埋入土内。从定植穴处逐年向外进行深耕，深度60~80cm，注意防止损伤直径1cm以上的粗根。在春季萌芽前追施速效性氮、磷肥。施肥量占全年追肥量的50%。每亩施碳酸氢铵100kg或尿素35kg。追肥后立即灌水，地表稍干时中耕浅锄。秋季未施基肥的，结合扩穴深翻施入基肥。开花前每株追施腐熟人粪尿40~50kg，碳酸氢铵2.5kg，采用环状沟或放射沟施肥法，沟深30~50cm，施肥后灌水，墒情好时可不灌水。坡地、旱地宜采用"穴贮肥水腹膜保墒"施肥技术。进入硬核期施用肥料种类以磷、钾肥为主。对结果树每株施草木灰2~3kg，或过磷酸钙1kg，硫酸钾0.5kg，或果树专用肥1.0~1.5kg，同时叶面喷布0.3%磷酸二氢钾。果实采收后每亩施充分腐熟的有机肥4 000~5 000kg，过磷酸钙75kg，碳酸氢铵25kg，采用穴状施肥或环状施肥，同时进行灌水。落叶后越冬前灌封冬水。地下水位过高，容易积水的地区应注意排水。

第六节　花果管理

萌芽前15~20d，疏除树上90%~95%雄花芽，以减少养分和水分消耗，提高坐果率。开花期去雄花，人工辅助授粉。去雄花最佳时期在雄花芽开始膨大时。疏除雄花序之后，雌花序与雄花数之比在1：(30~60)。但雄花芽很少的植株和刚结果幼树，最好不疏雄。人工辅助授粉花粉采集在雄花序即将散粉时（基部小花刚开始散粉）进行。授粉最佳时期是雌花柱头开裂并呈八字形，柱头分泌大量黏液且有光泽时最好。具体方法是先用淀粉或滑石粉将花粉稀释成10~15倍，然后置于双层纱布内，封严袋口并拴在竹竿上，在树冠上方轻轻抖动即可。或将花粉与面粉以1：10比例配制后用喷雾器授粉或配成5 000倍液后喷洒。具体时间以无露水的晴天最好，一般 9—11 时，15—17 时效果最好。进入盛花期喷 0.4%硼砂或 30mg/L 赤霉素可显著提高坐果率。为提高果实品质，坐果后可进行了疏果。

第七节 病虫害防治

核桃病虫害主要有黑斑病、溃疡病、腐烂病、举肢蛾、云斑天牛等。具体防治措施是：冬季休眠期挖出或摘除虫茧、幼虫，刮除越冬卵。清除园内落叶、病枝、病果，以减少菌源。萌芽前 0.25kg，水 18kg，方法是先将生石灰化开，加入食盐和豆面，然后搅拌均匀，涂于小幼树全部和大树的 1.2m 以下的主干上。萌芽开花期以防治核桃天牛、黑斑病、炭疽病与云斑天牛为重点，喷 1∶0.5∶200 波尔多液，0.3～0.5 波美度石硫合剂，用毒膏堵虫孔，剪除病虫枝，人工摘除虫叶，并捕捉枝干害虫；喷 50%辛硫磷乳油 1 000～2 000 倍液，20%甲氰菊酯 1 500 倍液，10%氯氰菊酯乳油 1 500 倍液等杀虫剂防治害虫。4 月上旬刨树盘，喷洒 25%辛硫磷微胶囊水悬乳剂 200～300 倍液，或用 50%辛硫磷 25g，拌土 5～7.5kg，均匀撒施在树盘上，用以杀死刚复苏的核桃举肢蛾越冬幼虫。果实发育期以防治黑斑病、炭疽病与举肢蛾为重点。在 5 月下旬至 6 月上旬，采用黑光灯诱杀或人工捕捉木尺蠖、云斑天牛。6 月上旬用 50%辛硫磷乳油 1 500 倍液在树冠下均匀喷雾，以杀死核桃举肢蛾羽化成虫；7、8 月硬核开始后按 10～15d 间隔喷辛硫磷等常用杀虫剂 2～3 次。发现被害果后及时击落，拾虫果、病果深埋或焚烧；8 月中下旬，在主干上绑草把，树下堆集石块瓦片，诱集越冬害虫，集中捕杀。每隔 20d 喷 1 次波尔多液以保护叶片。果实成熟期结合修剪剪除病虫枝，以消灭病源，喷杀虫剂防治虫害。在落叶休眠期清扫落叶、落果并销毁，进行果园深翻，以消灭越冬病虫源。

第六章　猕猴桃高产栽培

猕猴桃果实细嫩多汁，清香鲜美，酸甜宜人，营养极为丰富。它的维生素C含量高达100~420mg/100g，比柑橘、苹果等水果高几倍甚至几十倍，同时还含大量的糖、蛋白质、氨基酸等多种有机物和人体必需的多种矿物质。据权威机构测试，猕猴桃是各种水果中营养成分最丰富、最全面的水果。猕猴桃是原产我国的野生果树，经过驯化栽培，成为大规模商品化生产、经济效益好、生态效益显著的新兴水果。

第一节　生长结果习性

一、器官形态及生长习性

1. 根

猕猴桃的根为肉质根，外皮层较厚，老根表层龟裂状剥落。主根不发达，侧根和须根多而密集，须根状根系。根系在土壤中的垂直分布较浅，而水平分布范围广，成年树根系垂直分布在40~80cm的土层中，一般根系的分布范围大约为树冠冠幅的3倍，猕猴桃的根系扩展面大，吸收水分和营养的能力强，植株生长旺盛。

2. 枝

猕猴桃的枝属蔓性，在生长的前期，蔓具有直立性，先端并不攀缘；在生长的后期，其顶端具有逆时针旋转的缠绕性，能自动缠绕在他物或自身上。枝蔓中心有髓，髓部大，圆形；木质部组织疏松，导管大而多。新梢以黄绿色或褐色为主，密生绒毛，老枝灰褐色，无毛。

当年萌发的新蔓，根据其性质不同，分为生长枝和结果枝。

生长枝：根据生长势的强弱可分为徒长枝（多从主蔓上或枝条基部潜伏芽上萌发而来，生长势强，长达3~5m，间长，芽较小，组织不充实）和营养枝（主要从幼龄树和强壮枝中部萌发，长势中等，可成为翌年的结果母枝）。

结果枝：雌株上能开花结果的枝条叫结果枝。雄株的枝只开花不结果，称为花枝。结果枝一般着生在1年生枝的中上部和短缩枝的上部。根据枝条的发育程度，结果枝又分为：徒长枝结果枝，长度为1.5cm以上；长果枝，长度为1.0m；中果枝，长度为0.3~0.5m；短果枝，长度为0.1~0.3m。

3. 叶

叶为单叶互生，叶形有圆形、卵形、椭圆形、扇形、披针形等。叶长5~10cm，宽6~18cm，叶片大而较薄。基部呈楔形、圆形或心脏形。叶面颜色深，叶背颜色浅，且有绒毛。

4. 芽

芽分为叶芽和花芽。芽为鳞芽，鳞片为黄褐色毛状；复芽，且有主副之分，1~3芽的叶腋，中间较大的芽为主芽，两侧为副芽，呈潜伏状；主芽易萌发成为新梢，副芽在主芽受伤或枝条被修剪时才能萌发。猕猴桃萌发率较低，一般为47%~54%。

5. 花

猕猴桃为雌雄异株植物，雌花、雄花分别在雌株、雄株上。雌花、雄花在形态上都是两性花，但在功能上雄花的雌蕊败育，因此都是单性花。雌性植株的花多数为单生，雄性植株的花多呈聚伞花序，每一花序中花朵的数量在种间及品种间均有差异。

6. 果实

为圆形至长圆柱形，是中轴胎座多心皮浆果，可食部分为中果皮和胎座。果皮黄色、棕色、黄绿色等，果皮较薄，果点多数明显，果面无毛或被绒毛、硬刺毛。果肉多为黄色或翠绿色，也有红色的，呈放射状。果实大小差异大，一般为 20~50g，果实最大的是中华猕猴桃和美味猕猴桃，大的可达 200g 以上。

二、开花结果习性

中华猕猴桃的初花期多在 4 月下旬。从现蕾到开花需要 25~40d。每个花枝开放的时间，雄花 5~8d，雌花 3~5d。全株开放时间，雄株 7~12d，雌株 5~7d。雄花的花粉可通过昆虫、风等自然媒体传到雌花的柱头上进行授粉，也可人工授粉。

猕猴桃花芽容易形成，坐果率高，落果率低，所以丰产性好。中华猕猴桃、美味猕猴桃主要以短缩果枝、短果枝结果为主。结果母枝一般可萌发 3~4 个结果枝，发育良好的可抽 8~9 个。结果母枝可连续结果 3~4 年。结果枝通常能坐果 2~5 个，因品种而有差异。猕猴桃从终花期到果实成熟，需 120~140d，在此期间，果实经过迅速生长期、缓慢生长期和果实成熟期 3 个阶段。

三、对环境条件的要求

土壤以深厚、排水良好、湿润中等的黑色腐质沙质壤土、pH 值为 5.5~7 的微酸性土壤为佳。年平均温度 11.3~16.9℃，极端最高温度不超过 42.6℃，极端最低温不低于 -15.8℃，≥10℃有效积温 4 500~5 200℃，无霜期 160~240d，年日照时数 1 300~2 600 h。年降水量 1 000 mm 左右；相对湿度 70% 以上。

第二节 育 苗

猕猴桃的繁殖方法，常用播种、扦插、嫁接等方式。

一、播种

采集优良母株上充分成熟的果实，自然存放，变软后立即洗种，阴干。播种前进行层积处理，以提高种子发芽率，沙藏时间为40~60d。主要培养实生苗。

二、扦插

猕猴桃扦插因产生大量愈伤组织，消耗过多养分，并在愈伤组织表面形成木栓层，影响插条对养分和水分的吸收，使生根更加困难。实践证明，利用当年生新梢即嫩枝扦插生根比较容易。

插穗准备：绿枝蔓插穗选用生长健壮、组织较充实、叶色浓绿厚实、无病虫害的木质化或半木质化新梢蔓。绿枝蔓插穗不贮藏，随用随采。为了促进早生根，可用生长素类处理下部剪口。常用药剂及处理浓度有：吲哚丁酸（IBA）100~500mg/L处理0.5~3h，或3~5g/L速蘸；萘乙酸（NAA）200~500mg/L，处理3h，ABT生根粉蘸下剪口等。

绿枝扦插方法：为了减少水分散失，可将叶片剪去1/2~2/3，弥雾的次数及时间间隔以苗床表土不干为度，弥雾的量以叶面湿而不滚水即可。过干会因根系尚未形成，吸不上水而枯死，过湿会导致各种细菌和真菌病害发生蔓延。绿枝蔓扦插的喷药次数较多，大约1周1次。多种杀菌剂交替使用，以防病种的多发性，确保嫩枝蔓正常生长。

第三节　建　园

一、园地选择

在建立猕猴桃生产基地时，应选择水源、交通较方便的地方。猕猴桃园宜建立在海拔较高的山区，但不宜超过海拔1 000m。丘陵地土层深厚、排水良好，是猕猴桃较适宜的栽培区。但一定要有水源，以防夏秋高温干旱。山地生态条件非常适宜，但要注意坡度、坡向与坡位的选择。一般尽量选择15°以下的缓坡地或较平坦地段。宜选择南向或东南向的向阳避风坡，忌选北向。不宜选择山顶或其他风口（特别是生长季节的风向）处建园。

猕猴桃土壤要求土层深厚、疏松肥沃、排水性能良好，又有适当保水能力的微酸性土壤。避免在黏重土壤中栽植。

二、设置防风林

猕猴桃抗风力差，春季大风常折断新梢，损伤叶片及花蕾；夏季干热风降低空气湿度，引起土壤水分大量蒸发而干旱，叶片焦枯，生长受阻；秋季大风，擦伤果实，影响商品价值。因此，建园前就要建造防风林。

防风林树种应选择女贞、杉木、湿地松、柳杉、水杉、杨树、樟树、枇杷、冬青、枳壳等，实行常绿与落叶、乔木与灌木相配合，并以常绿树种为主，以预防4—5月的风害。主林带应设置在迎风方向，山地则在山背分水岭及果园边沿地区。折风带建立在园内支道、排灌沟边沿。山背及果园外围林带至少要栽4行，园内折风带栽1~2行。林带中乔木行距2~3m，株距1~1.5m，灌木密度加倍。

第四节　整形修剪

一、整形

依据不同品种和不同树龄植株生长发育规律，将各种枝蔓合理地分布于架上，协调植株生长和结果之间的平衡，以达到高产、高效的生产目的。

篱架的整形：苗木定植后，留 3~5 个饱满芽短截，春季可萌发 2~3 个壮梢，冬季修剪时留下健壮的枝条作主蔓，并在 50~60cm 处短截。

“T”形架的整形：在主干高达 1.7m 左右，新梢超过架面 10cm 时，对主干进行摘心，摘心后主干顶端能抽发 3~4 条新梢，选择 2 条健壮枝梢作主蔓培养，其余的疏除。

平顶棚架的整形：主干高达 1.7cm 左右，新梢生长至架面 10~15cm 时，对主干进行摘心或短截，使其促发 2~4 个大枝，作永久性主蔓。

二、冬季修剪

冬剪最佳时期是冬季落叶后两周至春季伤流发生前两周。过迟修剪容易引起伤流，影响树体。冬季修剪的重点是在整形的基础上，对营养枝、结果枝、结果母枝进行合理的修剪。

具体方法是：对生长健壮的普通营养枝，剪去全长的 1/3~1/2，促其转化为翌年的结果母枝；徒长形枝对其进行轻剪，促进枝条的充实，以便成为结果母枝；其他的枝条如细弱枝、枯枝，病虫枝、交叉枝、重叠枝、下垂枝均应从基部剪除。对结果母枝的修剪应根据品种特点进行，如金魁品种的结果母枝抽生结果枝的节位比较高，在第 11~13 节尚能抽发结果枝，故对粗壮结果母枝可采用长梢轻剪，中等健壮的可留 7~8 节短截。

第五节　土、肥、水管理

一、土壤管理

1. 适地栽植

栽植猕猴桃首选沙壤土、中壤土以及腐殖质含量高的土壤，pH 值中性微酸性土壤。偏碱性土壤栽培中易发生黄化病。地理位置选在山坡的北坡。

2. 深翻松土

猕猴桃的肉质根系在土中穿透力差，应该在翻土时打破犁底层深翻 70~100cm，促使根系自由伸展。施肥时增施有机肥或生物菌肥改良土壤透气性。

3. 幼树的定植和浇水

定植时理顺根系填土踩实，暂不浇水。

二、施肥管理

猕猴桃施肥建议使用套餐肥，有机肥加复合肥合理配合使用。

1. 增施有机肥

有机肥选取微生物菌肥，在改良土壤结构同时，为土壤补充有益微生物，拮抗根系周围有害微生物，刺激根系生长。

2. 配方施肥

猕猴桃对氮钾元素需求量高，对磷的需要较少。同时注重钙的施入，可以增强抗病能力增加单果重。

3. 适时适法施肥

在施肥时间上，秋季果实采收后施入底肥，或者春季发芽前施入。6月初和9月初果实膨大和成熟期追肥。施肥不宜过深，不能断根，地面撒施，浅耕埋在（10~15cm）地下。

三、水分管理

不合理的浇水会使果园土壤板结，根系活动减弱，树体未老先衰。是否浇水根据果园土壤含水量来确定。园内土壤水分含量只要达到25%以上就不浇。浇水要以不破坏土壤团粒结构，保证土壤透气性为前提，首先选择喷灌和滴灌，其次是畦灌，幼树浇小行，成龄树浇大行。

第六节　花果管理

一、保花保果

在一般情况下，如有均匀配置授粉雄株，可达到正常坐果率，如遇天气不良，可采取人工授粉，上午露水干以后，用毛笔粘花粉，轻点于雌花的柱头上；也可以花期用0.3%硼砂+0.3磷酸二氢钾+1%白糖喷施；还可采取花期放养蜜蜂的方法提高坐果率。

二、疏花疏果

猕猴桃坐果率高，常会出现结果多而果小品质差的情况，并容易形成大小年，必须疏花疏果，可根据负载量疏蕾和疏花，每个花序留1个果，长结果枝留3~5个，中结果枝留2~3个，短果枝留1个，尽量使保留的果实分布均匀。

第七节　病虫害防治

猕猴桃病虫害主要有溃疡病、猕猴桃根线虫病、金龟子、白粉虱、小叶蝉等。具体防治方法是：休眠期彻底清园。萌芽前全园喷1次3~5波美度石硫合剂，杀死越冬病虫卵，防治多种病虫害。萌芽和新梢生长期，采用黑光灯、糖醋液等诱杀金龟子等害虫。喷布50%马拉硫磷乳油1 000倍液或20%甲氰菊酯乳油2 000~3 000倍液防治介壳虫、金龟子、白粉虱、小叶蝉等害虫。萌芽至开花期喷农用链霉素防治花腐病。交替喷布80%代森锰锌可湿性粉剂600~800倍液、1%等量式波尔多液、70%甲基硫菌灵可湿性粉剂1 000~1 500倍液，以防治溃疡病、干枯病、花腐病、褐斑病、白粉病、叶枯病、软腐病、炭疽病等病害。开花期仍采用黑光灯、糖醋液等诱杀防治金龟子等。在花前、花后喷布20%甲氰菊酯乳油2 000~3 000倍液，或5%吡虫啉2 000~3 000倍液等防治金龟子、白粉虱、小叶蝉、木盘蛾等虫害。并及时人工摘除有病梢、叶、果，并于花前、花后交替喷布70%甲基硫菌灵可湿性粉剂1 000~1 500倍液、1%等量式波尔多液、50%退菌特可湿性粉剂800倍液等，防治花腐病、黑星病、黑斑病等病害。果实发育期喷布20%甲氰菊酯乳油2 000~3 000倍液，或5%吡虫啉2 000~3 000倍液，1.8%阿维菌素乳油3 000~5 000倍液防治金龟子、蛾、蛸等害虫；及时套袋，人工摘除病梢、叶、果，并喷布70%甲基硫菌灵可湿性粉剂1 000~1 500倍液，或50%退菌特可湿性粉剂800倍液等防治花腐病、黑星病、褐斑病等病害。果实成熟及落叶期喷布5%吡虫啉乳油2 000~3 000倍液，1.8%阿维菌素乳油3 000~5 000倍液等防治蛾、螨等虫害；1%等量式波尔多液或50%退菌特可湿性粉剂800倍液防治溃疡病、花腐病等病害。

第七章　葡萄高产栽培

葡萄是世界上最古老的果树之一，栽培面积仅次于柑橘、苹果、梨和桃，居第五位；产量仅次于苹果、柑橘、梨、桃和香蕉，居第六位。我国鲜食葡萄栽培面积与产量均居世界首位。

第一节　生长结果习性

葡萄为多年生蔓生植物，根系发达，再生力强，吸收力强，故葡萄抗旱、耐瘠薄、耐盐碱，不怕耕作伤根。其地上茎蔓、地下根系生长势均很强，生长量大，寿命长。在露地栽培条件下，一般一年有 2 个生长高峰，在华北地区，发芽后根系开始生长，6 月下旬至 7 月中旬出现第一次生长高峰，8 月中旬高温时停止生长；9 月中旬又进入第二次生长高峰，但比第一次小，11 月下旬生长停止。葡萄根系的生长与地温关系密切。

植株蔓性，不能直立，需设支架扶持，生长迅速，节间长，借卷须向上攀援生长，年生长量可达 1～10m。只要气温适宜，可以一直生长。栽培上应勤摘心，限制其加长生长。枝蔓生长具明显的顶端优势和垂直优势。

葡萄的芽具有明显的早熟性，植株各部位上的芽，在条件良好、营养充足时均能在较短的时间内形成花序，技术措施得当，周年中可以结 2 次、3 次，甚至是多次果。葡萄的夏芽可随即萌发长成副梢，副梢的夏芽又能萌发成 2 次、3 次副梢，甚至多次副梢。葡萄的花芽为混合芽，但冬前花序原基分化较浅，外形上不易与叶芽相区别。一般从枝蔓（结果母蔓）基部第 1～

2 节开始，直至第 20 节以上，各节均能形成花芽。生长势较弱的品种，花芽着生位置较低；生长势强的品种花芽着生位置较高。

葡萄的花序为复总状花序（圆锥花序），一般着生在结果新梢的第 3~8 节上，有 2~4 个花序。大多数葡萄品种为两性花，能自花授粉正常结实。葡萄落花落果较严重。花后 3~7d 开始落果，花后 9d 左右为落果高峰，前后持续约 2 周，其后一般很少再脱落。有些葡萄品种，有单性结实或种子中途败育的特性或趋向，可以形成无籽葡萄。

第二节　育　苗

葡萄苗主要分自根苗和嫁接苗。由于葡萄蔓的再生能力很强，节和节间伤口处容易生根，目前采用自根育苗的较多，如扦插、压条等。但为了增强葡萄的抗逆性和葡萄品种的改良，可以使用嫁接育苗。有些品种如藤稔，通过嫁接以后可以增强生长势，达到早期丰产的效果。

葡萄对土壤的适应性很强，但喜沙质土，因此，定植前栽植沟的准备、有机肥的施用都是极为重要的。栽植沟一般宽 100cm，深 80cm，每亩施有机肥 4 000kg 左右。定植株行距因栽培架式不同而略有差异，一般每亩栽植 111~333 株。

葡萄定植时期分秋植（即 11 月下旬）和春植（即 2 月上中旬至葡萄萌芽前），目前一般采用春植为主。苗木定植前最好用萘乙酸或吲哚丁酸浸根，以便提高成活率和生长量。

第三节 建 园

一、园地选择

交通方便，地形开阔、阳光充足、通风良好的地段。土质疏松肥沃，排水良好，地下水位在 0.5m 以下，pH 值为 6.5~7.5。

二、园地的规划

大型的葡萄园应结合地形、交通、水利、防护林等进行分区，分区面积以 1~1.5hm^{2}为宜。

三、排、灌系统

按区均匀分布灌溉用管道或设立灌水沟。平地果园四周挖深、宽各 60cm 的排洪沟，果园内设若干条 0.3~0.4m 宽、0.5m 深的排水沟，并与排洪沟相连。坡地果园上方挖一条等高排洪沟（兼蓄水用），沟深、宽各 1m。

栽植方向以南北行向为好。平地、山地和沙荒地葡萄园用平畦栽培，地下水位高或低洼易发生涝害的地块用高畦栽培。双十字“V”形架行距 2.8m，株距 1m；棚架行距 3~4m，株距 1~1.5m；篱架行距 2.5m，株距 1~1.5m。在定植前将园地深翻，并将沤制腐熟的有机肥 3 000~4 000kg/亩，磷肥 100kg/亩与表土混匀后定植，使根系向四周舒展开，覆土一半时向上轻提苗木 1~2cm，再覆土压实，最后浇足定根水。幼苗定植后，靠近地面留 2~3 个饱满芽眼剪截，并在旁边插一根竹竿，使苗沿竹竿直立生长。

第四节　土、肥、水管理

一、土壤管理

1. 深翻

深翻一般分秋季深翻和冬季深翻。秋季深翻是在果实采收后（8—10月），可利用此时根系的第二次生长高峰期进行。冬季深翻一般在11—12月进行。深翻要与施有机肥结合起来，深度掌握在20～40cm。

2. 中耕

中耕可以防止杂草滋生，保持土壤水分和养分，改善通气条件，促进根系和微生物活动。中耕多在生长季节进行（即5—9月），深度不超过10cm，易板结的表土特别需要中耕。

3. 除草

杂草与葡萄争夺土壤水分和养分。同时，杂草多的葡萄园虫害也多，如二星叶蝉、金龟子、地老虎等。中耕结合除草，在整个生长期要经常进行。

二、施肥

1. 施肥时期

按时期一般分为基肥、追肥、补肥。基肥为迟效性有机肥，施用量占全年施肥量的60%，9月至翌年1月都可以施。追肥是在葡萄生长发育阶段施的、以速效肥为主，追肥又分为萌芽肥（3月中旬至4月上旬的芽膨大期）、膨果肥（6月）和果实着色肥（7月上中旬）。补肥是在果实采收后施用，恢复树势，增加树体的养分储藏。

2. 施肥方法

施肥方法主要有根部施肥和根外追肥。

根部施肥。主要方法有环状施肥法、沟状施肥法、全园撒施法等。环状施肥法多数用于幼龄果园，在树冠周围的外缘挖深15~25cm、宽30cm的环状沟，将肥料施入并覆土。沟状施肥法是成年葡萄园最常用的施肥法，施肥沟与植株行平行，距植株0.5~1.2m。基肥沟深30~50cm，宽40cm，追肥沟深15cm，宽30cm，施肥后覆土填平。全园撒施法一般是在葡萄根系已布满全园的情况下采用，先将腐熟基肥全园撒施，后翻土即可。

根外追肥。主要以速效肥喷叶背为主，绿枝、幼果也能吸收。根外追肥只能在葡萄生长期中进行，一般使用的追肥及浓度如下：尿素0.1%~0.3%，硫酸铵0.3%、过磷酸钙1%~3%、硫酸钾0.05%、硼酸0.05%~0.1%、硫酸二氢钾0.3%~0.5%。

三、水分管理

1. 排水

葡萄喜干忌湿，土壤水分过多，在生长季节引起枝蔓徒长，降低果实质量，严重时抑制根系呼吸，长期积水可使葡萄整株死亡。葡萄园建立首先要考虑排水问题。

2. 灌水

葡萄在各个生长时期对水分的需求不同。萌芽期、开花期一般雨水较多，无需灌水，主要是梅雨后的7月、8月，这时候往往高温干燥，如果缺水将直接影响果实膨大和转色。

第五节　整形修剪

一、夏季修剪

夏季修剪首先是新梢管理的问题，新梢的状态将直接关系到产量和果实的品质。新梢管理主要有：抹芽、引缚、摘心及副梢管理。

抹芽：2年、3年生幼树，优先考虑树冠扩大，所以，抹芽疏枝的程度极轻，一般只将容易变成劣枝位置的新梢进行抹芽或疏枝。同时，要抹去下部生长势强的芽或新梢。而成年树的抹芽程度需根据冬季剪留冬芽数、萌芽的状况及枝条生长情况而定。若用100cm长的新梢，每平方米可留新梢7.5个。抹芽一般分数次进行，第一次在展叶初期，第二次在展叶8~10片时，第三次在坐果稳定之后实施。

引缚：引缚是从新梢长到40cm左右时开始，树势中庸的只需1次即可，幼树和树势旺的根据具体情况分两次实施。可以把结果母枝先端的新梢向延长方向引缚，其余的新梢与结果母枝缚成直角。棚面上的直立新梢从基部轻扭后绑缚。

摘心：开花前到初花期的摘心有防止落花落果的效果，但盛花前必须完成全部主梢的摘心工作。花前最适宜的摘心时期应是全树有第一朵花开花时进行，力求1~3d内完成。在盛花后50d有80%的新梢将停止生长，可仍有部分新梢继续生长，所以，7月上中旬要进行剪梢，原则上1个新梢留25片左右的叶片。

副梢的管理：副梢生长过旺容易使葡萄架面阴暗，通常在初花期主梢摘心的同时对副梢留1叶摘心或抹除，除少数培养成为副梢母枝外，如果发生二次再反复摘心。对于生长旺盛的幼树要有计划的多留副梢，以增大叶面积。

二、冬季修剪

一般在葡萄休眠期为最佳，即每年的1月。其任务首先是确定结果母枝的剪留长度和剪留枝数量。结果母枝的剪留长度实际是单枝剪留冬芽数量：短枝修剪留冬芽1~3个；中梢修剪留冬芽4~6个；长梢修剪留冬芽7~12个；超长梢修剪留冬芽12个以上。巨峰系品种多数幼树期生长偏旺，故常采用长梢修剪。为防止结果部位外移，须每50cm留更新枝，更新枝严格剪留2个芽，准备来年回缩更新之用。剪留枝数量实际上就是冬芽剪留的总量，考虑到产量（以每亩2 000kg计）、果实的品质和冬芽萌发率的实际情况（一般为50%~70%），每亩需留冬芽10 000~12 000个，则单株剪留冬芽70~80个。

冬季修剪的技术主要包括；剪截、疏枝、双枝更新、单枝更新。

第六节　花果管理

在花前7~8d掐掉花序上的1~4个花序大分枝和花序尖端，保留由下往上数14~16个花序小分枝，使果穗形状成为圆柱形。坐果后至硬核前能分辨大小果粒时疏去小粒果、畸形果和过密的果粒。每穗粒数控制在30~40粒。每亩定产2 000kg，定4 000~5 000穗。

在疏果完成以后，全园喷施一次杀菌剂，待药液干后立即用专用纸袋套袋。

第七节　病虫害防治

萌芽前，喷3~5波美度石硫合剂，可兼防病和虫，对介壳虫、吉丁虫、天牛、落叶病、干腐病等均有较好的防治效果。

介壳虫严重的果园还可用含油量5%的柴油乳剂进行防治。

对金龟子发生较重的果园，可利用其假死性，早晚用震落法捕杀成虫。也可利用其有趋光性，用黑光灯诱杀。药剂防治参照其他果树的防治方法。

细菌性穿孔病的防治。控制施氮，增强树势，提高树体的抗病能力是其防治的关键。药剂防治参照桃树的防治方法。

果实腐烂病的防治。可于地面施用熟石灰68kg/亩。化学防治方法参照其他果树。

第八章　樱桃高产栽培

第一节　生物学特性

樱桃属于乔木，树体高大，自然生长时，树高可达 10～30m，寿命达 80～100 年。在管理良好的情况下，3～4 年结果，7～8 年进入盛果期，经济结果年限可维持 15～20 年。

一、生长结果习性

（一）生长特性

1. 根系

樱桃根系分布较浅。分布范围与砧木类型、砧木繁殖方式及土壤条件等有关。中国樱桃作砧木嫁接的樱桃，须根发达，水平分布范围广。例如用草樱桃嫁接的 27 年生樱桃水平根扩展范围达 11m，约超过树冠的 2.5 倍。在冲积性土壤中，根系主要分布在 5～35cm 的土层中，故大树易倒伏。但马哈利和毛把酸等作砧木时主根发达，根系分布较深。

2. 芽的类型和特性

樱桃的芽分叶芽和花芽。所有枝条的顶芽均为叶芽，侧芽为花芽或叶芽，都是单芽。因此，管理上稍有不慎即易光秃，结果部位就会迅速外移。

樱桃芽的萌发力较强，1 年生枝上的芽多数都能萌发，只有基部极少数侧芽有时不萌发而成潜伏芽。品种间也有差异，如大紫、黄玉等萌芽率较高，滨库、那翁等较低。樱桃的成枝力也较强，健旺幼树的长枝短截或缓放后，能抽生 3～5 个甚至更多的长枝，进入结果期后逐渐衰弱。

樱桃的芽具有早熟性，有的芽在形成当年即能萌发抽生二次枝。利用这一特性对苗木或幼树进行摘心，促发分枝，扩大树冠，可加速成形，提早结果。潜伏芽寿命较长，可维持 10～20 年。

3. 枝条类型和特性

樱桃的枝条可分为营养枝（发育枝）、混合枝和结果枝三大类。

（1）营养枝。上面着生大量叶芽，抽梢展叶，制造有机养分。其作用是扩大树冠和形成新结果枝。

（2）混合枝。长度 20cm 以上。枝条中上部侧芽为叶芽，下部侧芽为花芽。既能发枝长叶，又能开花结果。但花芽发育较差，坐果率较低，果实成熟晚，品质差。

（3）结果枝。按其性质和长度，可分为长果枝、中果枝、短果枝和花束状果枝。

①长果枝。长 15～20cm，除顶芽和枝条前端几个侧芽为叶芽外，其余均为花芽。结果后中下部光秃，前端叶芽抽生出 1～3 个长度不同的果枝。初果期树，长果枝占较大比例。

②中果枝。长 5～15cm，除顶芽外，侧芽均为花芽。一般分布在 2 年生枝的中上部。数量不多，不是主要的果枝类型。

③短果枝。长 5cm 左右，只有顶芽为叶芽，其余均为花芽。花芽发育质量好，坐果率高，是樱桃主要果枝类型之一。

④花束状果枝。长 5cm 以下，年生长量很少，仅 1～2cm，顶芽为叶芽，其余为花芽。花芽质量好，坐果率高，果实品质也好，是樱桃的主要果枝类型。该类果枝寿命较长，一般 7～10 年，那翁品种可达 20 年。

（二）结果习性

1. 开花坐果

樱桃花芽为纯花芽，每个花芽能开 1~5 朵花，多数为 2~3 朵，呈伞形花序。萌芽、开花期较早，当日平均气温达 10℃左右时花芽开始萌动，15℃时开始开花，花期 7~14d。樱桃是强自花不实树种，而且有些品种间授粉亲和力也很差。所以，建园时必须选择适宜的授粉品种。

樱桃主要靠昆虫、风力和重力作用授粉，开花 4d 内授粉能力最强。从授粉到受精需 4~7d。

2. 果实发育

樱桃果实发育期较短，早熟品种只有 30~40d，中熟品种 40~50d，晚熟品种 50 多天。整个果实发育过程可分为三个阶段。

第一阶段为果实第一速长期。从谢花至硬核前，果实迅速膨大，果核迅速长至果实成熟时的大小，胚乳亦迅速发育。这一阶段的长短，因品种不同而异。如大紫约 14d，小紫 15d，那翁 9d。

第二阶段为硬核和胚发育期。果实增长缓慢，果核硬化，胚乳逐渐被胚吸收。大紫、小紫约为 8d，那翁 14d。如果此阶段胚发育受阻，果核不能硬化，果实大多变黄萎蔫脱落。若不脱落，成熟时多变为畸形果。

第三阶段为果实第二速长期，自硬核后至果实成熟，果实迅速膨大，横径增长量大于纵径。果实着色，可溶性固形物含量增加。本阶段大紫、小紫各为 11d，那翁 17d。果实成熟前降雨或土壤水分过多，均会造成裂果。

3. 花芽分化

樱桃花芽分化的特点是：分化时间早、分化时期集中，分化过程迅速。据烟台市芝罘区在那翁上的观察，生理分化从春梢停止生长、果实采收后 10d 左右开始，此后转入形态分化，历时 1~2 个月。正常情况下，每朵花只分化一个雌蕊。但如夏季高温、干燥时，一朵花可能分化 2~4 个雌蕊，翌年常结出 2~4 个连在一起的畸形果。花芽分化开始的早晚与果枝类型、树龄、品种等有关。短果枝和花束状果枝比长果枝和混合果枝分化早；成龄树比幼旺树早；早熟品种比晚熟品种早。另外，由于分化期集中，分化过程迅速，所以对营养要求高。此期如果营养不良，常出现花柱短缩或雌蕊败育花，影响坐果。

二、对环境条件的要求

1. 温度

樱桃喜温，不耐寒。适于年平均气温 10~12℃、一年中日平均气温高于 10℃ 的时间在 150~200d 的地区栽培。萌芽期适温为 10℃，开花期 15℃，果实成熟期 20℃ 左右。冬季绝对温度为−20℃时，会发生大枝纵裂和流胶，−25℃时便大量死树。樱桃花期较早，易受早春霜冻。花蕾期遇−1.7℃的低温，开花期和幼果期遇−1.1℃的低温，均会造成冻害，引起落花落果，甚至绝产。

2. 水分

樱桃对水分很敏感，既不抗旱，也不耐涝。宜在年降水量为 600~700mm，空气比较湿润的地方栽培。但高温多湿易导致徒长，不利结果。樱桃根系需氧量很高，土壤水分过多发生缺氧，引起烂根、流胶，甚至整株死亡。因此，在土壤和水分管理上，要注意经常中耕松土，秋季深翻，雨季排涝，创造一个既保水又通气的良好土壤环境，促进根系生长。樱桃也不抗旱，当土壤含水量为 10%时，地上部停止生长；降到 7%时，叶片萎蔫、变色。严重干旱时，引起落果，降低产量。

3. 光照

樱桃是喜光性强的树种。光照好时，生长健壮，结果枝寿命长，花芽充实，坐果率高，果实品质好。光照条件差时，外围枝梢徒长，冠内枝条衰弱，结果部位外移快，坐果率低，果实品质差。因此，设施栽培中必须选择适宜的树形，培养通风透光良好的树体结构，并采取有效的增光补光措施等。

4. 土壤

樱桃最适宜在土层深厚，土质疏松，透气性好，保水力较强的沙壤土栽培，忌黏重土壤。酸樱桃作砧木比较耐黏性土。樱桃耐盐碱能力差，适宜的土壤 pH 值为 6.0~7.5。

第二节　育　苗

一、保存种子

首先就要获得健康的饱满的有机樱桃种子，只需要吃掉一些樱桃，就能获得自然的果核了，之后就将这些樱桃果核放在温水中浸泡 5min，需要将果核上的果肉残留全部清理干净。

之后准备一些纸巾铺在桌面上，将清洗浸泡后的樱桃果核装起来，放在通风温暖的地方干燥 3~5d，等果核干燥之后，就要将果核放入一个洗干净、带盖子的容器如玻璃瓶里面，里面不能有水分，之后将密封的瓶子放在冰箱里面保存 10 周左右的时间。因为樱桃的果核需要经过一段寒冷的时间休眠，之后才能发芽，在自然环境下的樱桃果核都是经过寒冷的冬季之后，它们就可以在春季发芽了。而将果核放在冰箱里也是模拟寒冷的冬天，10 周之后就可以进行播种繁殖了。

二、播种准备

10 周之后就将樱桃果核取出来，之后放在常温的环境下，准备播种的容器，要用较小的但排水好的容器，土壤要疏松透气和排水良好，避免盆土积水，小容器容易培育，避免烂根。想要樱桃果核尽快发芽生根，还需要准备一把钳子，用它将果核的外壳去掉，露出里面白白的胚芽，将胚芽种在土壤里，这样才能更快发芽。

三、随时保持土壤湿润

果核直接放入土壤下面，浅埋之后浇透水，养护期间保持土壤微润，可以放在窗台上，通风和光线明亮的地方。可以在一个小容器放多粒果核，等幼苗长到 2～3cm 之后，就去掉一些长得比较弱的幼苗，让健壮的幼苗长在小盆里。

四、后期养护注意

幼苗长出来之后就要将它摆放在阳光比较充足的地方，直到外面的霜冻过去，天气暖和之后，就可以将幼苗放在外面养护，这样更有利樱桃幼苗的生长，之后浇水量可以适当减少。

如果后期想要将樱桃树栽种在地里面，每棵就需要间隔 6m 远，避免栽种太密。樱桃树生长需要定期施肥，在生长前期主要是为了促进枝叶的生长，前期以低氮的肥料为主。

第三节　建　园

一、园址的选择

大樱桃的物候期相对较早，春季花期前后易受晚霜为害，冬季绝对低温低于-15℃花芽易受冻害，对产量影响很大。园址应选在地势较高的丘岭，可明显减轻冻害。

二、品种和砧木

选择优良品种和良好的砧木，是优质高效的基础。目前，生产上的优良品种有：美早、砂蜜豆、黑珍珠、福星、布鲁克斯、拉宾斯、明珠、红南阳等；优良砧木有：临朐考脱、大青叶、吉塞拉 6 号、马哈利等。同时还要搭配好授粉品种，以 3 个以上的品种为宜。

三、起垄栽培

由于大樱桃根系较浅，既不抗旱也不抗涝，干旱可以通过灌溉解决，为了防涝，必须起垄栽培，实践证明，起垄栽培能促进大樱桃树体的生长发育，提高产量和果实品质，还能降低流胶病的发病率。

四、栽植密度

采用 4m×3m 或 5m×3m。水浇条件和土壤条件好的密度适当小些。

五、苗木处理

选用优质苗建园，定植前 2d 用饮用水泡苗 48h，后修剪根系，沾生根粉和 K84 液，减轻根癌病的发生。

六、定植

时间为 3 月中下旬，按株行距的要求，挖 40cm 见方的定植穴，定植深度以原来苗木深度为宜，挡好埂后浇透水，2~3d 后定干，高度 80cm 左右，剪口在芽上 1cm 处平剪，剪口用愈合剂处理，剪口芽下抹除 2~3 芽，从 60cm 外往上不同方位进行刻芽。然后及时套塑膜套筒，7~10d 后浇第二次水，3~4d 后封穴，盖黑地膜。发芽抽枝后主要加强水分管理，有条件的安装滴灌，小水勤浇。

第四节　整形修剪

樱桃常用树形大致可分为小冠疏层形、自然开心形、纺锤形、圆柱形、“V”形等。樱桃不耐寒，休眠期修剪的最佳时期是早春萌芽前，若修剪过早，伤口流水干枯，春季容易流胶，影响新梢的生长。休眠期修剪常用的方法有短截、甩放、回缩、疏枝等。休眠期修剪宜轻不宜重，除对各级骨干枝进行轻短截外，其他枝多行缓放，待结果转弱之后，再及时回缩复壮。疏枝多用于除去病枝、断枝、枯枝等。在具体操作时，要综合考虑品种的生物学特性、树龄、树势、栽植密度和栽植方式等因素。

一、幼树期修剪

幼树期要根据树形的要求选配各级骨干枝。中心干剪留长度50cm左右，主枝剪留长度40~50cm，侧枝短于主枝，纺锤形留50cm短截或缓放。注意骨干枝的平衡与主次关系。严格防止上强，用撑枝、拉枝等方法调整骨干枝的角度。树冠中其他枝条，斜生、中庸的可行缓放或轻短截，旺枝、竞争枝可视情况疏除或进行重短截。

二、初果期树修剪

除继续完成整形外，初果期还要注意结果枝组的培养。树形基本完成时，要注意控制骨干枝先端旺长，适当缩剪或疏除辅养枝，对结果部位外移较快的疏散型枝组和单轴延伸的枝组，在其分枝处适当轻回缩，更新复壮。

三、盛果期树修剪

盛果期树休眠期修剪主要是调整树体结构，改善冠内通风透光条件，维持和复壮骨干枝长势及结果枝组生长结果能力。一是骨干枝和枝组带头枝，在其基部腋花芽以上的2~3个叶芽处短截；二是经常在骨干枝先端2~3年生枝段进行轻回缩，促使花束状果枝向中长枝转化，复壮树势。对结果多年的结果枝组，也要在枝组先端的2~3年生枝段缩剪，复壮枝组的生长结果能力。

四、衰老期树修剪

盛果后期骨干枝开始衰弱时，及时在其中后部缩剪至强壮分枝处。进入衰老期，骨干枝要根据情况在2~3年内分批缩剪更新。

不同的樱桃品种，修剪上的主要差异是在结果枝类型上。以短果枝结果为主的品种，中长果枝结果较少，此类品种以那翁为代表，在修剪上应采取有利于短果枝发育的甩放修剪，增加短枝数量。树势较弱时，适当回缩，使短果枝抽生发育枝。短果枝结果比例较少的品种，如大紫，为促进中长果枝的发育，应有截有放，放缩结合。如果不进行短截，中长果枝会明显减少。

第五节　花果管理

一、花期授粉

樱桃多数品种自花结实能力很低，需要异花授粉才能正常结果。樱桃的开花期较早，常能遇到低温等不良天气。因此，栽培上为确保坐果，除建园时要合理配置授粉树外，每年花期都应进行辅助授粉，以促进坐果。实践证明，授粉对提高樱桃的坐果效果显著，已经在樱桃栽培区推广。

（一）人工辅助授粉

樱桃花量大，果个小，因此要像苹果、梨那样通过采花取粉，然后人工点授的方法困难很大，也不太切合实际。生产上当前可采用制作两种授粉器，在不需要采花取粉的情况下进行人工授粉：一种是球式授粉器，即在一根木棍或竹竿（长短根据需要而定）的顶端，缠绑一个直径5~6cm的泡沫塑料球或洁净纱布袋，用其在主栽品种和授粉品种的花序之间，轮流轻轻接触擦花，达到既采粉又授粉的目的。球式授粉器适用于在分枝型结果枝组上授粉，但工作效率较低。另一种是棒式授粉器，即选用一根长1.2~1.5m，粗约3cm长的木棍或竹竿，在一端缠上50cm长的泡沫塑料，泡沫塑料外包一层洁净纱布，用其在不同品种的花朵上滚动，也可达到既采粉又授粉的目的。棒式授粉器适合于单轴延伸型结果枝组上应用，工作效率高。

人工辅助授粉的时间应自盛花期开始，要分2~3次进行，以保证开花期不同的花都能充分及时授粉。据山东福山、莱山等地的应用，花朵坐果率一般可提高10%~25%。

（二）利用昆虫访花授粉

主要利用壁蜂和蜜蜂等昆虫访花授粉，效果很好。据调查，凡进行放蜂的樱桃园，一般花朵坐果率可提高10%~20%，增产效果明显，也比较省工。

1. 壁蜂

壁蜂分角额壁蜂、凹唇壁蜂、紫壁蜂等品种，生产上以利用前两种为主，角额壁蜂，日本又称小豆蜂，是日本果园用作访花授粉最广泛的一种昆虫。1987年由中国农业科学院生防室从日本引进，现已在山东烟台、威海等地推广。壁蜂具有春季活动早（3月下旬至4月初），适应能力强，活跃灵敏，访花频率高，繁育、释放方便等特点，是樱桃园访花授粉昆虫中的一个优良蜂种。一般在樱桃始花期放蜂，每公顷放3 000头左右。

2. 蜜蜂

蜜蜂多为人工饲养，我国果农早有在果园饲养蜜蜂的习惯。但蜜蜂出巢活动的气温要求比壁蜂高，因此对开花期较早的樱桃来说，授粉效果不如壁蜂，因蜜蜂是移动饲养且最初飞行的日子，仅仅采访就近的花朵。因此，樱桃一开始开花就应该将其引入果园。一般每公顷樱桃园放置20~25箱蜜蜂为宜。

（三）其他有关辅助措施

花期前后喷尿素或低浓度的赤霉素，有助于授粉受精，提高坐果率。据山东烟台的果农试验，在樱桃盛花期前后，喷布1~2次尿素液，那翁花朵坐果率较对照分别提高12.9%和5.9%；大紫分别提高21.8%和11.9%。花期前后喷低浓度的赤霉素效果也很好。据烟台芝罘区卧龙村在红丰和那翁两个品种上的试验，在4月19日（盛花期）和5月1日（脱裤期）各喷两次40~50mg/kg的赤霉素，花朵坐果率红丰是对照的3.7倍，那翁是对照的2.4倍。

二、疏花疏果

樱桃果个大小和果实品质，与叶面积之间呈正相关关系，因此，对于长势较弱、花果数量多的树，有必要疏除多余的花蕾和幼果。

1. 疏蕾

疏蕾一般在开花前进行，主要是疏除细弱果枝上的小花和畸形花。每个花束状果枝上保留2~3个饱满壮花蕾即可。试验表明，在一定的疏花程度范围内，随着疏花程度的增加，结实率和单果重均相应提高。

疏蕾尽管在改进果实品质方面有显著作用，但毕竟操作比较麻烦、费力。因此，最宜在冬季修剪时，剪除弱果枝的基础上配合进行。

2. 疏果

疏果一般是在5月中旬樱桃生理落果后进行。疏果的程度，依树体长势和坐果情况确定。一般是1个花束状果枝留3~4个果实即可，最多4~5个。疏果时，要把小果、畸形果和着色不良的下垂果疏除。试验表明，疏果后，株产提高12%~22.7%，单果重增加3.8%~15%，花芽数量多，发育质量较好。疏果配合以新梢摘心措施，效果更好，株产可提高44.9%，单果重增加48.3%，花芽数量多，发育质量好。

第六节　病虫害防治

一、预防和减轻裂果

裂果是果实接近成熟时，久旱遇雨或突然浇水，由于果皮吸收雨水增加膨压或果肉和果皮生长速度不一致而造成果皮破裂的一种生理障碍。裂果的数量和程度，因品种特性和降水量而不同。研究认为，吸水力强、果面气孔大、气孔密度高，以及果皮强度低的品种，如艳阳、水晶、滨库等裂果重。在樱桃果实发育的第三个时期（即第二次迅速生长期），裂果指数随着单果重的增加而增加。果实采收前，降水量大或大量灌水时，会加重裂果。裂果严重降低其商品价值，因此在生产上要采取措施减轻和防止裂果。

1. 选用抗裂果品种

从严格意义上讲，目前樱桃尚未发现完全抗裂果的品种。在容易发生裂果的地区，可以选用拉宾斯、萨米特等比较抗裂果的品种。也可根据当地雨季来临的早晚，选用雨季来临果实已经成熟的中早熟品种，如早红宝石、意大利早红、红灯、芝罘红等。

2. 维持相对稳定的土壤含水量

相关的研究认为，当根系主要分布层的含水量下降到10%~20%时，就会出现旱象，发生旱黄落果。如果这种情况出现在果实硬核至第二次速长期，遇有降雨或灌大水时，就会发生裂果。因此，樱桃园 10~30cm 深的土壤含水量，下降到田间最大持水量 60%以前，就要灌水，并且小水勤浇，维持相对稳定的土壤含水量，这是防止裂果的关键。

3. 利用防雨篷进行避雨栽培

据日本资料，在防裂果措施中效果最好的是防雨蓬，大体有 4 种形式，即顶蓬式、拉帘式、雨伞式和包皮式。防雨篷用塑料薄膜或防水布制成，采用防雨篷保护性栽培，因见光不良，果实要晚熟 2~3d。但采用这种装置，可以减轻裂果和灰霉病的发生，能适时采收，提高品质。目前，生产中应用的拉帘式防雨篷效果较好，它可以在平时拉到一起，有雨时拉开覆盖，既不影响光照，也起到了防雨的效果。

二、预防鸟害

成熟的樱桃很易遭到鸟的取食，特别是附近有成片树林的樱桃园受害更重。国外预防鸟害的方法较多，如美国大田樱桃园采取的措施有，采收前 7d 在树上喷杀虫剂，使害鸟忌避；用扩音器播出录有害鸟惨叫声的录音磁带，把害鸟吓跑；用高频警报装置干扰鸟类的听觉系统。

我国目前生产中采用的措施有在树的前后左右悬挂黑线，鸟因不能看黑线，接触时便受惊飞去；悬挂稻草人；喷洒驱鸟剂；把发光的马口铁或锡箔放在树上随风摇曳，惊吓害鸟等。但这些方法，时间长了，往往收效甚微。最常用最有效的方法是撒网，即在每棵树冠上架设网罩，将树体保护起来，但还要注意不要伤害鸟类。我国有鸟害的樱桃产区，目前尚无更有效的防治方法，今后如能与各种类型的设施栽培相结合，当可收到良好的预防效果。

第九章　草莓高产栽培

草莓是多年生常绿草本果树。其浆果营养丰富，经济价值较高，具有一定的医疗保健价值。草莓浆果成熟较早，一般5—6月即可上市，对保证果品周年供应起一定作用。草莓除鲜食外，还可加工成草莓酱、草莓酒、草莓汁等各种加工品，经济价值较高。草莓适应性也强，栽培管理容易，结果较早，较丰产。

第一节　生物学特性

一、形态特征及生长结果习性

草莓是多年生常绿草本植物，植株矮小，呈丛状生长，株高一般20~30cm。短缩的茎上密集的着生叶片，并抽生花序和匍匐茎，下部生根。生长结果习性为根、茎、叶、芽、花和花序、果实等方面。

（一）根

草莓为须根系。根由新茎和根状茎上的不定根组成，主要分布在距地表20cm深土层内。新根呈乳白色至浅黄色，老根呈黑褐色，当其生长到一定粗度后不再加粗生长，加长生长也渐停止。新茎于翌年成为根状茎后，须根逐渐衰老枯死，而上部根状茎再长出新的根系来代替。随着新茎的部位不断升高，发生不定根的部位也相应升高，甚至露出地面，进而影响新根的产生和过程生长。草莓根的生长比地上部开始早10d左右，结束生长则晚。整个生长期根系都生长，以春季生长最旺盛，其次是晚秋。

（二）茎

草莓的茎有新茎、根状茎和匍匐茎三种，其中前两种生长在地下，也统称为地下茎。后一种生长在地上，也称为地上茎。

1. 新茎

新茎是当年生茎，呈弓背形。其加长生长速度缓慢，年生长仅0.5~2.0cm，而加粗生长较旺盛，呈短缩茎状态。新茎产生不定根。新茎顶芽到秋季可形成混合花芽，成为主茎的第一花序，且花序均发生在弓背方向。新茎上密生具有长柄叶片，每片叶的叶腋部位着生腋芽，腋芽具有早熟性。当年形成的腋芽，有的当年就发出新茎分枝或萌发成匍匐茎。

2. 根状茎

新茎翌年叶片全部枯死后，成为外形似根的根状茎。根状茎是草莓的多年生茎，是一种具有节和年轮的地下茎，是贮藏营养物质的器官。植株生长第3年，首先从下部老的根状茎开始，逐渐向上枯死。根状茎愈老，地上部生长愈差。草莓新茎上未萌发的腋芽，是根状茎的隐芽。当草莓根状茎受损伤时，隐芽能发出新茎，并在新茎基部生出新的不定根，很快恢复生长。

3. 匍匐茎

匍匐茎是由草莓新茎的腋芽萌发形成，为一种特殊的地上茎。茎细而节间长，萌发初期向上生长，超过叶面高度后便垂向株丛少而日照充足地方，顺向地面匍匐生长。草莓抽生匍匐茎的多少取决于品种、年龄等。一般地下茎多的品种，发生匍匐茎较少。2~3年生植株抽生能力最强。匍匐茎是草莓的营养繁殖器官。1年生植株利用匍匐茎的繁殖系数在20以上，每条匍匐茎至少能形成两株匍匐茎苗。在匍匐茎偶数节（第二、四、六节）部位，向上长出正常叶，向下形成不定根，当接触地面时即扎入土中，形成一株匍匐茎苗。在同一母株上早期抽生的匍匐茎能形成高质量的幼苗，并且靠母株越近的幼苗生长发育越好。匍匐茎的第一节和第三节有的可产生匍匐茎分枝。匍匐茎分枝的偶数节上同样能抽生匍匐茎（称为第二次匍匐茎），形成草莓幼株。

（三）叶

草莓的叶属于基生复叶，由 3 片小叶组成，叶柄较长，一般 10~20cm，叶密生于短缩新茎上，呈螺旋状排列。叶柄基部与新茎连接的部分，有两片托叶鞘包于新茎上。随着新茎生长，老叶相继枯萎，陆续出现新叶。不同时期长出的叶，其寿命长短不同。从着果到采果前的叶片较典型，能反映该品种的特征。新叶展开后约 30d 达到最大叶面积，叶片平均寿命 60~80d。草莓叶片具有常绿性，秋季长出的叶，在环境适宜和保护条件下，能保持绿色越冬，其寿命可长达 200~250d，翌年春季生长一段时间后才枯死，为新叶所代替。越冬叶片保留多，有利于提高产量。草莓叶片表面密布细小茸毛，小叶多数为椭圆形。叶缘锯齿状缺口，有的边缘上卷，呈匙形；有的平展；也有两边上卷、叶尖部分平展等形状。

（四）芽

草莓的芽可分为顶芽和腋芽。顶芽着生于新茎的尖端，向上长出叶片和延伸新茎。顶芽在夏季结果后进入旺盛生长，秋季开始形成混合花芽，叫顶花芽。翌年混合花芽萌发先抽生新茎，在新茎上长出 3~4 片叶后，抽生花序，腋芽着生在新茎叶腋里，也叫侧芽。腋芽具有早熟性，在开花结果期可萌发成新茎分枝，形成新茎苗。夏季新茎上的腋芽萌发抽生匍匐茎。秋末，新茎上腋芽不再萌发匍匐茎，有的形成侧生混合花芽，叫侧花芽，翌年抽生花序。未萌发腋芽，有的成为潜伏芽，当植株顶芽于损伤时萌发，有利于植株生存。

（五）花和花序

草莓的花绝大多数为两性花（完全花），自花结实。花瓣白色，花萼绿色，花萼、花瓣均有5片或5片以上。雄蕊多数。雌蕊也多数，离生，着生在突起的花托上。花序为聚伞花序，或多歧聚伞花序。一个花序上可着生3~30朵花，一般为7~15朵。通常第一级花序的一朵中心花最先开，再由两个苞片间形成的两朵二级花开放，每二级花的苞片腋中产生三级花，依此类推。因此草莓开花期拖延较长。

（六）果实

草莓果实主要由花托膨大形成，植物学上称为假果，栽培学称为浆果。果面多呈深红或浅红色，果肉多为红色或橙红色。果心充实或稍有空心。果面嵌生着许多像芝麻粒似的种子（瘦果，为真正果实）。瘦果在浆果表面嵌生深度不同，或与果面平，或凸出表面，或凹入果面，瘦果凸出果面的品种一般较耐贮运。果实大小取决于品种。同一花序中以第一级花序果最大，级数越高，果个越小。大果品种第一级序最大果重可超过60g。草莓鲜果中约90%是水分，果实膨大期水分不足会使果实变小。果实膨大期适宜的天气条件是白天气温20~25℃，夜间气温10℃左右，日照充足。果实形状是品种特征之一，有圆锥形、楔形、圆形、扇形等。

二、物候期

（一）萌芽和开始生长期

春季地温在2~5℃时，根系开始生长。根系生长比地上部早7~10d。此时根系生长主要是上年秋季长出的根继续延伸，随地温升高，逐渐发出新根。草莓早春生长主要依靠根状茎及根中贮藏的营养物质。根系生长7d左右茎顶端开始萌芽，先抽出新茎，随后陆续出现新叶，越冬叶片逐渐枯死。春季开始生长时期，取决于各地气候条件：山东、北京、天津等在3月上中旬，黑龙江在4月下旬。

（二）现蕾期

地上部生长约1个月后出现花蕾。当新茎长出3片叶，而第四片叶未全长出时，花序就在第四片叶的托叶鞘内显露，之后花序梗伸长，露出整个花序。草莓显蕾后，植株仍以营养生长为主。该期随气温升高和新叶相继发生，叶片光合作用加强，根系生长达到第一个高峰。

（三）开花和结果期

草莓从花蕾显露到第一朵花开放需15d左右。由开花到果实成熟又需1个月左右。花期长短，取决于品种和环境条件，一般持续20余天。在同一花序上有时甚至第一朵花所结的果已成熟，而最末的花还正在开。因此，草莓的开花期与结果期难以截然分开。在开花期，根停止延长生长，并且逐渐变黄，在根颈基部萌发不定根。到开花盛期，叶数及叶面积迅速增加，光合作用加强。果实成熟前10d，体积和重量增加达到高峰，叶片制造的营养物质几乎全部供给果实。果实成熟期在黄河故道地区为5月上中旬，河北中部为5月中下旬。

（四）旺盛生长期

浆果采收后，植株进入旺盛生长期。先是腋芽大量发生匍匐茎，新茎分枝加速生长，新茎基部发生不定根，形成新的根系。匍匐茎和新茎的大量产生，形成新的幼株。该期是草莓全年营养生长的第二高峰期，可延续到秋末。其间约1个月，温度较高，草莓处于缓慢生长阶段，气温超过30℃时甚至停长，处于休眠状态。秋末随着气温下降，植株生长减缓。

（五）花芽分化期

草莓经过旺盛生长期后，在外界低温（日平均气温15～

20℃）和短日照（日照时数 10～12h）的条件下开始花芽分化。花芽分化开始，标志着植株由营养生长转向生殖生长。一般品种多在 8—9 月或更晚才开始花芽分化。在夏季高温和长日照条件下，只有四季草莓才开始花芽分化，当年秋季能第二次开花结果。秋季分化的花芽，翌年 4—6 月开花结果。花芽分化一般 11 月结束。也有些侧花及侧芽分枝的花芽，当年分化未完成，到翌年春季继续进行。当年春季分化花芽质量差，产量低。草莓在秋季花芽形成后，随气温下降，叶片制造的营养物质开始转移到茎和根中积累，为下一年春季生长利用。

（六）休眠期

花芽形成后，在气温降低，日照缩短情况下，草莓进入休眠期。外观表现为叶柄短，叶片小，叶片发生的角度由原来直立、斜生，发展到与地面平行，呈匍匐生长，全株矮化莲座状，生长极其缓慢。休眠程度取决于地区和品种。寒冷地区休眠程度深，温暖地区品种休眠程度浅。外界条件主要是低温和短日照，其中以短日照时间长短对草莓的影响最大。

三、对环境条件要求

（一）温度

草莓对温度适应性强。春季当气温达 5℃时，开始生长。此时抗寒能力降低，遇到-9℃的低温就会受冻害，-10℃时大多数植株死亡。草莓根系在 10℃时生长较快，最适生长温度为 18～20℃。秋季气温降到 2～8℃时，根生长减弱。地上部生长发育最适温度为 20～26℃。开花期低于 0℃或高于 40℃，都影响授粉、受精和种子的发育。花芽分化应在低于 17℃条件下进行，当降到 5℃以下时，花芽分化停止。

（二）水分

草莓生长发育过程中需要充足的水分。但在不同生长发育期，对水分要求量不一致。早春开始生长期和开花期，要求水分不低于土壤最大持水量的70%，果实生长和成熟期需要水分最多，要求在土壤最大持水量的80%以上，果实采收后植株进入旺盛生长期，要求土壤含水量在70%左右，秋季9—10月植株要求水分较少，土壤含水量要求60%。不仅土壤含水量对草莓植株生长发育有影响，空气相对湿度也有影响。空气相对湿度过高或过低均不利于草莓花药开裂和花粉萌发。一般以空气相对湿度达40%左右最适宜花药开裂和花粉萌发。随着空气相对湿度增加，花药开裂率直线下降，当空气相对湿度达80%时，花药开裂率和花粉萌发率均很低。

（三）光照

草莓喜光，又比较耐阴，可在果树行间种植。草莓不同生育阶段对光照要求不同。在花芽形成期，要求每天10~12h的短日照和较低温度；花芽分化期需要长日照。在开花结果期和旺盛生长期，草莓需要每天12~15h的较长日照时间。

（四）土壤

草莓适宜在疏松肥沃、地下水位较低（1m以下）、通气良好的呈中性或微酸性的沙壤土上生长良好。沼泽地、盐碱地、黏土、沙土都不适于栽植草莓。一般黏土上生长草莓果实味酸、色暗、品质差，成熟期比沙土晚2~3d。

第二节　育　苗

草莓育苗方法有匍匐茎分株、新茎分株、播种、组织培养等法，目前生产上主要以匍匐茎苗进行繁殖。匍匐茎分株繁殖草莓，生产上常有两种方式：一是利用结果后的植株作母株繁殖种苗：当生产田果实采收后，就地任其发生匍匐茎，形成匍匐茎苗，秋季选留较好的匍匐茎苗定植。该法产生的茎苗弱而不整齐，直接影响翌年产量，一般减产30%以上。二是以专用母株繁殖秧苗，就是母株不结果，专门用以繁殖苗木。此法可以培育壮苗，可在生产上大面积推广。

一、繁殖田准备

繁殖田选择土壤疏松，有机质含量1%以上，排灌方便的地块。定植前整地作畦，每亩施充分腐熟农家肥4～5t，尿素15kg，耕翻、耙平、清除杂草，做成平畦或高畦，畦宽1m。

二、母株选择和定植

母株选择品种纯正，植株健壮，根系发育良好，无病虫害的植株。9月上中旬定植。在每畦中部定植1行，株距30～40cm。根据品种抽生匍匐茎的能力，抽生强适当稀些，抽生弱的适当密些。栽植时植株根系自然舒展。培土程度为土覆平后既不埋心又不露根为宜。

三、繁殖田的管理

母株越冬后早春抽生花序，及时彻底摘除。匍匐茎抽生时期，加强土、肥、水管理。土壤保持湿润、疏松，每亩适当追N、P、K三元复合肥10kg，施肥后及时灌水，松土除草。在6月匍匐茎大量发生时期，经常使匍匐茎合理分布，进行压土。干旱时选早晨或傍晚每周灌水1次。7—8月匍匐茎旺盛生长期，在匍匐茎爬满畦面出现拥挤时，及时间苗、摘心。8月底形成的茎苗可在8月上中旬各喷1次2 000mg/kg矮壮素。匍匐茎抽生差的品种喷洒植物赤霉素（GA_3）50mg/L。四季草莓品种在6月上中下旬和7月上旬各喷1次50mg/kg的GA_3，每株喷5mL，结合摘除花序，效果明显。

四、茎苗假植及管理

茎苗假植时间在 8 月下旬至 9 月上旬。假植地块要求排灌水方便，土壤疏松肥沃。在整地作畦时撒施足量的腐熟有机肥及适量的复合肥。在假植苗起出前 1d 对母株田浇水。茎苗起出后，立即将根系浸泡在 70%甲基托布津可湿性粉剂 300 倍液或 50%多菌灵液 500 倍液中 1h。假植株行距（12~15）cm×（15~18）cm。假植时根系垂直向下，不弯曲，不埋心，假植后浇水。晴天中午遮阴，晚上揭开。1 周内早晚浇水，成活后追 1 次肥，9 月中旬追施第 2 次肥，追施 N、P、K 三元复合肥 12~15g/m^2。经常去除老叶、病叶和匍匐茎，保留 4~5 片叶。假植 1 个月后，控水促进花芽分化。

第三节　建　园

草莓园地选择地势较高、地面平坦、土质疏松、土壤肥沃、酸碱适宜、排灌方便、通风良好的地块。坡地坡度 2°~4°，坡向以南坡和东南坡为好。前茬作物为番茄、马铃薯、茄子、黄瓜、西瓜、棉花等的地块，严格进行土壤消毒。大面积发展草莓，还应考虑交通、消费、贮藏和加工等方面的条件。栽植草莓前彻底清除园地杂草，有条件地方采用除草剂或耕翻土壤，彻底消灭杂草。连作草莓或土壤中有线虫、蛴螬等地下害虫的地块，栽植前进行土壤消毒或喷农药，消灭害虫。连作或周年结果的四季草莓，一般每亩施用腐熟的优质农家肥 5 000kg+过磷酸钙 50kg+氯化钾 50kg，或加 N、P、K 三元复合肥 50kg。土壤缺素的园块，可补充相应的微肥或直接施用多元复合肥。全园均匀地撒施肥料后，彻底耕翻土壤，使土肥混匀。耕翻深度 30cm 左右，耕翻土壤整平、耙细、沉实。土壤整平、沉实后，按定植要求做畦打垄。北方常采用平畦栽培，畦宽 1.0~1.2m，长10~15m，畦埂宽20~30cm，埂高10~15cm。采用高畦栽培根据当地情况。一般畦宽1.2~1.5m，埂高15~20cm，畦间距25~30cm。在北方地区有灌溉条件可起垄栽培：垄宽50cm，高15~20cm，垄距120cm（大果四季草莓垄可再宽些）。该形式更适合地膜覆盖，还可减少果实污染和病虫害的发生。栽植前大小苗分开，分别栽植管理。栽苗时应注意栽植方向，一季草莓要求每株草莓伸出的花序均在同一方向，栽苗时应将新茎的弓背朝预定的同一方向栽植。垄栽时让花序向外，即苗的弓背向外。平畦栽时新茎弓背向里。四季草莓赛娃、美得莱特的新茎，栽植时不考虑方向问题。

栽植深度是苗心的茎部与地面平齐，即“深不埋心，浅不露根”的原则。栽后要立即灌透水。在干旱情况下，栽后1周内每天浇小水1次，1周后每2~3d浇1次水，不大水漫灌，畦面不积水。灌水后还应及时检查，露根或淤心苗及时进行调整。缓苗后检查补苗。

栽植贮藏苗时，宜先将苗箱放置阴凉处2~3h，然后将苗取出，将苗立于水槽内2~3h。为了提高苗子的成活率，栽植前后还要注意：一是要选择壮苗。二是起苗前圃地浇透水，摘除老叶，起苗时尽量少伤根系，起出的苗要放在阴凉处。外地引种，注意降温保湿。三是有条件时带土栽植或随移随栽。四是定植前去除老叶，只留3片未展开新叶。五是选择阴天或傍晚栽植。六是及时浇水。七是药剂处理，定植前用5mg/kg萘乙酸浸灌根系或用ABT生根粉处理以提高成活率。

第四节　土、肥、水管理

草莓栽植成活后和早春撤除防寒物及清扫后，及时覆膜；而不覆膜栽植草莓，要多次进行浅中耕3~4cm，以不损伤根系为宜。但在草莓开花结果期不中耕。采果后，中耕结合追肥、培土进行，中耕深8cm。而四季草莓则少耕或免耕，最好采取覆膜的办法。草莓园田间可采用人工除草、覆膜压草、轮作换茬等综合措施进行。为减少用工，以除草剂除草为主。草莓移栽前1周，将土壤耙平后，每亩用48%氟乐灵乳油100~125mL+水35kg，均匀喷雾于土表，随后用机械或钉耙耙土，耙土要均匀，深1~3cm，使药液与土壤充分混合。一般喷药到耙土时间不超过6h。氟乐灵特别适合地膜覆盖栽培，一般用药1次基本能控制整个生长期的杂草。或者用50%草萘胺（大惠利）可湿性粉剂100~200g+水30kg左右，均匀喷雾于土表，对草莓安全有效。也可将已出土杂草铲除干净后，用40%西玛津胶悬剂200~500mL+水40kg左右，均匀喷于表土，可收到良好效果。但使用任何除草剂时，土壤不要太干燥，一般掌握在田间最大持水量的50%~60%，才能起到应有效果。草莓苗期人工除草后，在马齿苋、看麦娘、狗尾草、稗草等杂草3~5叶期，每亩用35%精稳杀得乳油40~70mL+水40kg喷雾；或每亩用10%禾草克乳油40~125mL+水35kg左右均匀喷雾于杂草的茎叶。草莓一般土壤追肥3次：第1次在萌芽前一般每亩施复合肥10~15kg，或用尿素7~10kg；第2次在开花前施入。以磷钾肥为主，兼施适量的尿素，或每亩加N、P、K复合肥8~10kg；第3次在采果后施入尿素10~15kg，以补充土壤营养的不足，保证植株健壮生长，促进花芽分化，提高植株越冬能力。四季草莓一年四季连续开花结果，一般每年追5~8次N、P、K复合肥。生长季节，结合防治病虫可多次叶面喷肥，喷施0.2%~0.3%磷酸二氢钾。四季草莓叶面追肥更好。草莓对水分的要求较高，栽植后灌好缓苗水以缩短缓苗期，每次追肥后及时灌水。从开花期到浆果成熟期间，干旱年份生长季应视土壤的干旱情况增加浇水次数，始终保持土壤田间持水量的70%左右。在有条件的地方，应采用滴灌。多雨年份，雨季应注意排水防涝。

第五节　花果管理

摘叶。适量适时摘除老叶，及时摘除残病叶并销毁深埋。

除匍匐茎。匍匐茎消耗母株营养，影响通风透光。摘除后有利于花芽分化，提高果实品质。人工摘除或施用矮壮素。

授粉。为减少畸形果，始花前 5d 左右每亩放蜜蜂 2 箱传授花粉，直到 3 月下旬气温升高时结束。经专家试验证明，熊蜂比蜜蜂更适于低温授粉。

疏花疏果。适度疏花疏果能增加单果重，保持果实大小均匀，成熟期提早，每株留 10~15 个花蕾即可。

第六节　病虫害防治

草莓病虫害主要有灰霉病、炭疽病、病毒病、根腐病、芽枯病、叶枯病、蛇眼病；蚜虫、叶螨、蛴螬、叶甲、斜纹夜蛾等。其防治技术是采用以农业防治为主的综合防治措施，即选用抗病品种，培育健壮秧苗。具体措施：一是利用花药组培等技术培育无病毒母株，同时 2~3 年换 1 次品种；二是从无病地引苗，并在无病地育苗；三是按照各种类型的秧苗标准，落实好培育措施，并注意苗期病虫害防治。加强草莓栽培管理，可有效抑制病虫害的发生，具体措施有：施足优质基肥，促进草莓健壮生育；采用高畦栽植，改善通风透光条件；掌握合理密植，降低草莓株间湿度；进行地膜覆盖，避免果实接触土壤；防止高温多湿，创造良好生长环境；使植株保持健壮，提高植株抗病能力；搞好园地卫生，消灭病菌侵染来源。日光照射土壤消毒，对防治草莓黄萎病、芽枯病及线虫等，具有较好效果。重视轮作换茬，一般种植草莓两年以后要与禾本科作物轮作。合理使用农药：重点在开花前防治，每隔 7~10d 用药 1 次，连续3~4次，直到开花期。要合理选用高效低毒低残留药剂适时防治。

在病虫害发生初期彻底防治以红蜘蛛和白粉病、灰霉病为主的病虫害；果实采收开始后尽量减少施用农药；春季温度回升后，注意红蜘蛛、花蓟马等害虫的为害，及时喷药防治。

第十章　枣高效栽培

第一节　生长习性

一、生物学特征

（一）枣树的根

枣实生根系有明显的主根，水平根和垂直根均很发达，1 年生实生苗主根向下深达 1～1.8m，水平根长达 0.5～1.5m。一般在 15～40cm 土层内分布最多，约占总根量的 75%。树冠下为根系的集中分布区，约占总根量的 70%。

（二）枣树的芽

枣芽分主芽和副芽，主芽又称正芽或冬芽，外被鳞片裹住，一般当年不萌发。主芽着生在一次枝与枣股的顶端和二次枝基部，主芽萌发可形成枣头。

枣股每年生长量仅 1～2cm。

副芽又称夏芽或裸芽。副芽为早熟性芽，当年萌发，形成脱落性和永久性二次枝及枣吊，枣吊叶腋间副芽形成花。

（三）枣头

当年萌发发红的枝条，又叫发育枝或营养枝，由主芽萌发而成。枣头由一次枝和二次枝构成。枣头一次枝具有很强的加粗生长能力，因此能构成树冠的中央干、主枝和侧枝等骨架。二次枝即枣头中上部长成的永久性枝条。枝型曲折，呈“之”

字形向前延伸，是着生枣股的主要枝条，故又称“结果枝组”。

（四）枣股

由主芽萌发形成的短缩性结果母枝，主要着生在二次枝上。

枣股是枣树上最基本的结果部位，是枣树上特有的一种短缩型结果母枝。保持一定数量壮龄枣股和尽量延长壮龄枣股的结果年限，是保证枣树连年丰产稳产的关键。

（五）枣吊

又称脱落性枝，枝形纤细柔软，浅绿色，每个叶腋能形成一个花序结果。秋季落叶后，这些枝条逐渐脱落，枣吊上着生叶片，每个叶片都是一个绿色小工厂，其中的叶绿素，利用根系吸收的水，矿质营养和叶片从空气中吸收的二氧化碳，在阳光的照射下，通过光合作用合成糖，所以，叶面积的大小，叶片的薄厚、颜色的深浅等，都直接影响着枣树的生长和结果。

（六）枣树的花

一般每个枣吊着花30~50朵，花期很长，多在30d以上。

二、对环境条件的要求

枣与其他果树一样，要求适宜的立地条件。土壤、地势、气温、雨量及光照等，是影响枣树生长发育和结果状况的主要因素。

（一）温度

温度是影响枣树生长发育的主要因素之一，直接影响枣树的分布，花期日均温度稳定在22℃以上、花后到秋季的日均温下降到16℃以前的果实生长发育期为100~120d的地区，枣树均可正常生长。枣树为喜温树种，其生长发育需要较高的温度，表现为萌芽晚，落叶早，温度偏低坐果少，果实生长缓慢，干物质少，品质差。因此，花期与果实生长期的气温是枣树栽种区域的重要限制因素。枣树对低温、高温的耐受力很强，在

-30℃时能安全越冬，在绝对最高气温45℃时也能开花结果。

枣树的根系活动比地上部早，生长期长。在土壤温度7.2℃时开始活动，10~20℃时缓慢生长，22~25℃进入旺长期，土温降至21℃以下生长缓慢直至停长。

（二）湿度

枣树对湿度的适应范围较广，在年降水量100~1 200mm的区域均有分布，以降水量400~700mm较为适宜。枣树抗旱耐涝，在沧州年降水量100多毫米的年份也能正常结果，枣园积水1个多月也没有因涝致死。

枣树不同物候期对湿度的要求不同。花期要求较高的湿度，授粉受精的适宜湿度是相对湿度70%~85%，若此期过于干燥，影响花粉发芽和花粉管的伸长，导致授粉受精不良，落花落果严重，产量下降。相反，雨量过多，尤其是花期连续阴雨，气温降低，花粉不能正常发芽，坐果率也会降低。果实生长后期要求少雨多晴天，利于糖分的积累及着色。雨量过多、过频，会影响果实的正常发育，加重裂果、浆烂等果实病害。“旱枣涝梨”指的就是果实生长后期雨少易获丰产。

土壤湿度可直接影响树体内水分平衡及器官的生长发育。当30cm土层的含水量为5%时，枣苗出现暂时的萎蔫，3%时永久萎蔫；水分过多，土壤透气不良，会造成烂根，甚至死亡。

（三）光照

枣树的喜光性很强，光照强度和日照长短直接影响其光合作用，从而影响生长和结果。光照对生长结果的影响在生产中较常见。密闭枣园的枣树，树势弱，枣头、二次枝、枣吊生长不良，无效枝多，内膛枯死枝多，产量低，品质差；边行、边株结果多，品质好。就一株树而言，树冠外围、上部结果多，品质好，内膛及下部结果少，品质差。因此，在生产中，除进行合理密植外，还应通过合理的冬、夏修剪，塑造良好的树体结构，改善各部分的光照条件，达到丰产优质。

（四）土壤

土壤是枣树生长发育中所需水分、矿质元素的供应地，土壤的质地、土层厚度、透气性、pH值、水、有机质等对枣树的生长发育有直接影响。枣树对土壤要求不严，抗盐碱，耐瘠薄。在土壤pH值5.5~8.2范围内，均能正常生长，土壤含盐量0.4%时也能忍耐，但尤以生长在土层深厚的沙质壤土中的枣树树冠高大，根系深广，生长健壮，丰产性强，产量高而稳定；生长在肥力较低的沙质土或砾质土中，保水保肥性差，树势较弱，产量低；生长在黏重土壤中的枣树，因土壤透气不良，根幅、冠幅小，丰产性差。这主要是因为土壤给枣树提供的营养物质和生长环境不同所致。因此，建园尽量选在土层深厚的壤土上，对生长在土质较差条件下的枣树，要加强管理，改土培肥，改善土壤供肥、供水能力和透气性，满足枣树对肥水的需求，达到优质稳产的目的。

（五）风

微风与和风对枣树有利，可以促进气体交换，改变温度、湿度，促进蒸腾作用，有利于生长、开花、授粉与结实。大风与干热风对枣树生长发育不利。枣树在休眠期抗风能力很强，萌芽期遭遇大风可改变嫩枝的生长状态，抑制正常生长，甚至折断树枝等；花期遇大风，尤其是西南方向的干热风降低空气湿度，增强蒸腾作用，致使花、蕾焦枯，落花落蕾，降低坐果率；果实生长后期或熟前遇大风，由于枝条摇摆，果实相互碰撞，导致落果，称为“落风枣”，效益降低。

第二节　育　苗

一、采集优质高产的枣树成熟的果实

选取有枣仁的枣核，取出枣仁，挑选完好无损的枣仁，放置在25℃的温水中，浸泡8~12h，捞出平铺于浸湿的破麻袋片上，卷起放置于避光保温24℃左右的恒温状态下催芽，每天用25℃温水冲洗4遍，3~4d后，大部分发芽即可进行播种。

二、苗床准备

苗床用地要选用优质、疏松、肥沃的沙壤地或半沙壤地。按说明使用苗床专用肥，或亩施充分腐熟的农家肥3 000kg。用旋耕机深耕20cm，按行距65cm开10cm深的小沟，在沟内合理灌水，水下渗完后，按株距20cm点播种子，每穴3~4粒，上覆过筛的细潮土，并培一个宽12~15cm、高10cm的小土堆，上覆地膜，5d后去膜平去土堆，一般一周后幼苗长出。

三、树根育苗

在早春化冻后，在优质高产的枣树周围，距离树干2m左右，挖一道，宽深均30cm的环形地槽，遇到直径6cm的树根，不切断。在地槽内施入优质充分腐熟的农家肥与土1∶2的比例混匀回填，然后，浇透水，水下渗完后上覆剩余的土保墒。5月中旬以后，每个断根上可生出几条分蘖幼苗，在幼苗长至40cm左右时，即可选留1~2根壮苗，其余疏处。然后在环形沟向外35cm左右，再开一同样的小沟，促使幼苗生根，同时，应喷施0.2%的磷酸二氢钾和芸薹素内酯一遍。

四、采用嫁接法育苗

嫁接可更快的把优质枣树芽嫁接在酸枣树苗上，酸枣树苗具有好收集，易培育、抗病虫强的特点。嫁接时间，从春季至夏季。选择适宜的嫁接方法，一般有硬枝芽接法，劈接法，插皮接法，嫩稍芽接法等方法。在嫁接前7d要灌水有利于离皮。

第三节　建　园

有条件的地区最好选择沙质土壤，尤其以沙盖金（表层20cm左右的沙土、下层为红土）土壤为最佳。轻黏壤土也可栽植枣树，但过于黏重的土壤和沙砾土定植枣树后，生长和果品的产量和质量均不理想，同时寿命也较短。土层厚度一般要求必须在60cm以上。地下水位在1m以下，土壤pH值5.5~8.2。土壤总含盐量在0.3%以下，氯化钠低于0.1%。同时要求园地地势平坦，交通方便，排灌功能齐全。苗木质量的好坏，不仅直接影响栽植以后的成活率，同时还会影响成活后的生长势。因此一定要选用优质的苗木。优质的苗木应达到以下质量指标：根系完好，根量多，具有直径2mm以上，长度20cm以上的侧根6条以上，直径1.5mm左右，长10~20cm的细根10条以上；苗高在1~1.2m，根颈粗大于1.2cm，苗株健壮，枝梢成熟良好，没有干枝、干根、皱皮现象。此外还要求品种纯正，不带病虫。嫁接苗接口愈合良好，愈合面积超过接口的70%以上。

第四节　整形修剪

枣树常用树形主要有主干疏层形、自由纺锤形、自然半圆头形和开心形。我国北方地区，冬春少雨干旱多风，容易造成剪口干旱失水，从而影响剪口芽萌发，故每年春季3—4月进行休眠期的修剪。盛果期枣树修剪以培养或更新结果枝组为重点，延长盛果期的年限，长期维持较高的产量，可采用疏枝、短截、衰老骨干枝回缩相结合的方法。

萌芽后，当芽长到 5cm 时，及时抹去无用芽、方向不合适的芽，目的是防止嫩芽萌发形成大量的枣头，节省养分，促进枣树健壮生长和结果。摘心是摘除枣头新梢上幼嫩的梢尖。枣头一次枝摘心为摘顶心，二次枝摘心为摘边心。新梢生长期摘心可削弱顶端优势，促进二次枝生长，形成健壮结果枝组。

第五节　土、肥、水管理

春季土壤解冻后、枣树萌芽前进行追肥，目的是促进早萌芽，保证萌芽所需营养，提高花芽分化质量。此次追肥以氮肥为主，每株追施纯氮肥 0.4kg，锌铁肥 0.25～0.75kg，施肥后及时灌透水。灌水后根据土壤墒情及时翻耕，保持土壤疏松，促进根系生长，提高根系吸收肥水能力。

第六节　花果管理

提高坐果率。枣落花落果严重，坐果率低，这与枣树物候期严重重叠，营养消耗多，各器官对养分竞争剧烈有关，也与立地条件、管理水平和气候条件有关。提高枣坐果率的根本措施就是加强土肥水管理，改善树体的营养状况。在此基础上采取一系列其他栽培技术措施，使树体养分得到合理分配，为枣树授粉受精提供适宜的条件。

开甲，即环状剥皮。作用是切断韧皮部，阻止光合产物向根部运输，提高地上部营养水平，缓解枝叶生长和开花坐果对养分的竞争，从而提高坐果率。枣树开甲一般在初花期和盛花期进行。开甲方法：初次开甲的树，在距地面 20～30cm 处的树干上进行，宽约2cm，深度以露出韧皮部为度。

然后用开甲刀或菜刀在刮皮处绕树干环切两道，深达木质部，将两切口间的韧皮部剥掉。两切口的距离一般为0.3~0.7cm，因树龄、树势、管理水平不同而异。大树、壮树宜宽，幼树、弱树宜窄。一般要求在一个月左右愈合。由于连年开甲而树势明显转弱者，应停甲养树。

花期放蜂：枣树异花授粉坐果率高。花期放蜂，通过蜜蜂传播花粉，提高异花授粉率，故能提高坐果率。通常花期放蜂能提高坐果率1倍，高者达3~4倍，增产效果明显。花期喷水：枣树花期常遇干旱天气，影响枣树的授粉受精，造成严重减产。因此，花期干旱时喷水，可提高坐果率。

摘心：夏季对枣头一次枝、二次枝或枣吊进行摘心可明显提高坐果率。一般来说，摘心程度越重，坐果率越高。

第七节　病虫害防治

一、严格管理枣园

枣园管理对于病害虫防治具有重大的意义。因此，枣农要高度重视枣园管理的各项工作。为了提高枣树的抗病能力，一方面，枣农在施肥时，尽量使用含有氮、磷、钾的有机化肥，严格控制有机化肥的使用频率，使枣树在获得良好营养的同时，也不会丧失自主生长能力；另一方面，在枣树生长的过程中，根据具体的气候状况，合理的灌溉和排水。在降水较少的季节，对果树进行合理的灌溉；在降水较多的季节，做好果园的排水工作。为了减少病虫害对果实的侵害，枣农要高度重视果园管理，密切关注果树的生长状况，做好病虫害预防的工作。在9月中上旬，以在枣树上捆草的方式来引诱枣黏虫使枣黏虫在草里化蛹，11月集中烧毁捆草，翌年3月中旬，使用胶带杀死树干基部的食芽象甲成虫。除此之外，枣农要定期清扫果园，来减少病虫源。同时，枣农在使用药物消灭病虫害时，要注意药物的使用频率，避免因药物残留而导致果实品质下降现象的出现。经过良好的管理，枣园的生长就会出现一个良性循环，枣品质也会越来越好。

二、激素防治

为了有效的预防病害虫，枣农应该大量使用枣黏虫性诱剂，利用性诱盆来消灭雄蛾，进而降低病害虫的出生率。同理，利用桃小食心虫性诱剂来消灭桃小食心虫。除此之外，为了有效的消灭鳞翅目类的害虫，可以使用灭幼脲 3 号，选择恰当的时机，如鳞翅目类的害虫的成虫期或者孵卵期，来消灭害虫和幼卵。所以，激素防治可以避免大量害虫的滋生，对枣树的健康成长起到积极的促进作用。

三、生物防治

生物链也能达到防治害虫的效果，如甲腹茧蜂可以消灭桃小食心虫、寄生蝇可以除去大量的枣尺蠖等，这些益虫和益鸟可以降低害虫的密度，进而保障枣树的健康成长。除此之外，鸡的作用也不可忽视。因为鸡可以吃掉大量的幼虫和蛹，因此，枣农也可以在果园养鸡来防止害虫。除科学地利用生物链外，枣农还可以充分使用生物制剂来防治害虫。

第十一章　果园立体种养模式与实用技术

第一节　桃园立体种养模式与实用技术

一、桃园套养蚯蚓技术

（一）桃园规划

在嘉兴市凤桥镇已生长 10 年的水蜜桃果树的种植地，根据桃树和蚯蚓都喜湿润忌积水的特性，每 4m 挖一条排水沟，以排涝及降低地下水位；桃树的种植株距 4m，植株均起墩种植，墩高 15cm。

（二）套养蚯蚓

每年 3 月下旬在桃树株间，在离开桃树 30cm 的范围中，用市售的 EM 菌（即益生菌）发酵牛粪作基料，铺设 15cm 高的养殖床，按照每亩 60kg 的种蚓量均匀投入种蚓，种蚓的品种为通俗环毛蝴，从上海富年药材有限公司购买。覆盖市售尼龙遮阳网，每隔 5d 喷一次水。在下雨天停止喷水，下大雨则做好排水工作。保持养殖床湿度在 60%～70%。每隔 10d 清除土表蚯蚓粪转移至桃树根周围作为桃树的肥料，并再添加 3cm 厚蚯蚓的饲料即发酵牛粪 1 次。

6 月中旬，养殖床成蚓密度达每平方米 1 万条左右时进行鲜蚓收获。每亩田可收得鲜蚯蚓 810kg。6 月下旬，以发酵好的牛粪作基料，按上述方法于 6 月中旬重新铺设 15cm 高的养殖床，按照每亩 80kg 的种蚓量均匀投入种蚓，并按上述方法管理。在7月中旬至9月中下旬盛暑期需要每天喷一次水，降低土壤的温度。10月中旬养殖床成蚓密度达每平方米 1.1 万条左右时进行鲜蚓的第二次收获。每亩田可收获成蚯蚓 780kg。

（三）蚯蚓粪的处理

每次添料前清理出来的面层蚯蚓粪，每亩田得 5 000kg。其中 3 000kg 用于附近桃树植株的施肥，2 000kg 经过晾干，供制作其他有机肥用。

经过试验对比，未套养蚯蚓的水蜜桃树，叶片细薄，果味微带酸；而套养蚯蚓的桃树，叶片肥厚宽阔，果味更甜无酸感，且产量也有所提高，每亩还可收获鲜蚯蚓 800kg 左右（蚯蚓的产值较高），实现水蜜桃及蚯蚓共育双增效，社会、经济、生态三方面效益的同步提高，促进农业生产向低碳、环保和可持续方向发展。

二、桃园养鸡技术

桃园养鸡是一种应用广泛的散养肉鸡方法，这种方法充分利用桃园空隙，节省了养殖成本，扩大了鸡的活动范围，实现鸡的绿色养殖。然而养殖户在进行林下养鸡时，为了增加肉鸡生长速度，存在投食饲料蛋白含量过高的问题，长期食用高蛋白饲料，容易导致鸡采食量下降，其他营养摄入不足，影响其生长发育。

（一）选择桃园

选择背风向阳，水源充足的桃园，在桃园周围设置高 2m 的围栏，并在桃园中建设鸡舍，舍中间高，两边低，宽 6m，中间高 3m，两边高 1.5m，舍内设置栖架，四周挖好排水沟。在桃园中用长 2m，直径 15cm 中间去节的竹槽饮水，并在竹槽着地部分固定三根各长 20cm 的横挡，桃园地面均匀铺满豆末（大豆秸秆、豆叶和病变豆的粉碎混合物）。

（二）放养

将桃园空置 2 个月，再将鸡在桃园进行小规模圈养 10d，使鸡听从口令和信号，然后将鸡散养在桃园中，放养密度为每平方米 1 只。

（三）饲养

每天白天将鸡放入桃园中觅食饲养，晚上赶鸡入鸡舍，采用自由采食喂养，每天早、中、晚各投食饲料 1 次，饲料主要由豆末和虫卵组成。每天早、中、晚各巡视桃园 1 次，防止鼠群对鸡的侵害。

（四）疾病防治

饲养过程中，在 500g 饲料中放入 0.4g 的青蒿琥脂素和 0.5g 的小苏打，且定期给鸡苗注射疫苗。

在桃园里放养鸡的方法，采用豆末和虫卵进行喂食，豆末中含有大量的蛴螬，蛴螬以豆末为食，可以使豆末有效分解，同时蛴螬可以供鸡食用且营养均衡，使其快速成长，并促进鸡的觅食。分解后的豆末可以供桃园果树吸收营养，而且桃园养鸡中鸡粪作为果树有机肥料，解决了粪便污染，减少了化肥用量，充分利用了土地资源以及改变了日常豆末垃圾不能利用的缺点，变废为宝，实现了立体循环的经济。

三、桃园生态养殖番鸭技术

番鸭是一种似鹅非鹅、似鸭非鸭的鸭科家禽，体重比鸭大比鹅小，鸭蛋的营养丰富。番鸭的养殖早期主要集中在南方，随着改革开放，推向全国，尤其是近几年来，我国优质番鸭得到了长足的发展，生产总量逐年提升。桃园生态养殖番鸭的模式，可实现番鸭和桃树的双丰收；更重要的是，饲养过程中可以减少甚至无须投放药品。

（一）幼鸭饲养

幼年的番鸭安置于大棚内采用饲料喂养，大棚内设有平面的网，番鸭位于网上，网上铺有一层筛绢，网下为倾斜面，网有上下三层，三层网的网孔从上往下依次翻倍增大，最上一层网的网孔为7mm；幼年的番鸭生活在网上，粪便从网孔落到网下的倾斜地面上，粪便积累后用水冲倾斜地面将粪便冲入化粪池，冬季桃树翻地时将化粪池内粪便抽到地里给桃树供肥；在番鸭喂养于棚内时，需每天或每2d采用经过消毒的水冲洗网。

为了提高番鸭的抵抗力，在幼年番鸭喂养于棚内时，定期在幼年番鸭的饮水中加入维生素A、维生素D_3、B族维生素，投入量分别为1g/L、1.5g/L、2g/L。

（二）成年番鸭的饲养管理

番鸭成长50d时，将番鸭喂养于周边有水沟的桃林中，桃林中番鸭的量为100只/亩；番鸭放养到桃林中，番鸭为桃树吃虫、草，粪便在平时翻地时翻入土中为桃树施肥。桃林中的桃树行距5m，株距4m，并且树龄为3年以上的矮株，矮株通过在冬季落叶后剪主枝的方法形成。

为了便于冬季番鸭在桃林有食物，桃林中可在冬季种植燕麦草、苜蓿草、黑麦草、早熟禾或紫羊茅。

（三）饲料搭配

所用饲料包括如下重量份的物质：菜叶8份、豆类9份、菜籽粕3份、棉籽粕3份、石灰2份、蚯蚓20份、葡萄糖4份。饲料的制备方式为：将豆类、蚯蚓、菜叶剁成碎末后与菜籽粕、棉籽粕、石灰混合一起挤压成直径为5mm的颗粒，将颗粒晒至半干后将半干的颗粒放入葡萄糖中滚动搅拌。葡萄糖保证幼年番鸭成长必需的能量。

（四）番鸭轮养

番鸭在桃林中轮养，轮养间隔时间为3个月。一批番鸭养完后换地养另一批，在桃林轮养的养殖间隙，蓄地 3 个月，对桃林进行松地和消毒处理。消毒可用 3%石灰水喷洒。

（五）效益分析

桃园养殖番鸭由于晒太阳多，嘴巴呈红色，肉味鲜美，收购价 18 元/kg，平均每只番鸭利润 20 元，而市场上在棚舍内饲养的收购价 12 元/kg，平均每只利润 10 元。桃树不用施化肥，每株在一般年份收获 15kg 左右。

四、桃园套种竹荪技术

竹荪又名竹笙、竹参，是鬼笔科竹荪属中著名的食用菌。竹荪营养丰富、味道鲜美。据测定，干竹荪中含粗蛋白 19.4%、粗脂肪 2.6%，可溶性无氮倾倒物总量 60.4%，其中菌糖 4.2%、粗纤维 8.4%、灰分 9.3%。光是依靠野生的竹荪远远不能满足需要，所以人们一直在研究人工种植竹荪的方法和技术。

以桃园作为竹荪栽培场地，并利用有机废弃物为主要原料，实现固体废弃物的资源化利用，一举两得。该方法原料成本低廉，可以大大降低竹荪生产成本，且操作方便，用工少，可以提高竹荪栽培经济效益 20%~30%。

（一）套种场地

套种场地为桃园。

（二）培养料配方

培养料配方是有机废弃物 84%，棉籽壳 10%，麸皮 5%，石灰粉 1%，培养料含水量 70%，pH 值 7.5。

有机废弃物包括醋渣、木薯渣、菌渣及芦苇末、农作物秸秆、树枝条、落叶、野草。

（三）菇床设置与处理

在桃园中开挖深 30cm，宽 100cm，长 10m 的菇床，并用石灰粉消毒处理。

（四）竹称培养

将有机废弃物用水浸泡沥干后，铺在菇床上，长的秸秆、枝条铺在底层，短料铺撒在缝隙中，采用 3 层料 4 层菌种，最后拍平，盖上薄膜、草帘或者遮阳网养菌。在播种后 20d，菌丝长满料面时进行覆土，土厚 3cm。覆土后 1 周，菌丝长满土层后进行第二次覆土，土厚 2cm。用于覆土的土壤为富含腐殖质并呈团粒结构的酸性土，粒度 0.5～1cm，事先用杀虫杀菌剂处理 1 次，以减少病虫害污染。

（五）竹荪的采收与加工

当竹荪子实体破蕾长出，菌裙达到最大张开度时，就要立即进行采收。采收时，用刀从菌托底部切断菌索将子实体采下。采下的子实体，应用清水洗净孢子液和泥土等杂物，然后把菌盖和菌托剥离，放置阳光下晒干或用电热、炭火烘干，温度控制在 40～60℃。烘干后取出放置 20min，变软后用聚乙烯塑料袋包装。

五、桃园套种黑木耳技术

黑木耳色泽黑褐，质地柔软，味道鲜美，营养丰富，可素可荤。黑木耳寄生于阴湿、腐朽的树干上，生长于栎、杨、榕、槐等 120 多种阔叶树的腐木上，单生或群生。人工培植以椴木和袋料为培养基，潮湿地带生长比较多。桃树的枝叶浓密，桃园内空气湿度大，光照强度低，含氧丰富，正符合黑木耳的生长，而黑木耳的生长所释放的大量二氧化碳，又能提高桃树的光合作用，因此，桃园非常适宜套种黑木耳。

（一）果园选择及建棚

选择遮阴好的桃园建拱形棚，棚高 2.0～2.2m，拱形棚外侧距离地面 1m 的地方设置 60 目的防虫网，拱形棚上部覆膜，覆膜的下部与防虫网结合，在防虫网上盖上遮光率为 90% 的遮阳网。

（二）培养基配制

培养基组成为玉米芯20%~25%，桑枝25%~32%，棉籽壳40%~45%，麸皮4%~5%，石灰2%~3%，石膏1%~2%和防腐剂0.2%~0.3%。将玉米芯和桑枝粉碎淋湿铺在棉籽壳上放置1d，将石灰和石膏撒在玉米芯和桑枝上充分混合堆积即可。

（三）培养基装袋灭菌和接种

堆积3~4d后，加上防腐剂和麸皮充分搅拌即可装袋（采用聚乙烯塑料袋），每袋装1.9~2.1kg。装好的培养基袋扎紧均匀排列在铁框内，立刻进行灭菌处理（常压、60~70℃温度下3h）。将菌包在温度30℃以下时接种到培养基上，一个菌包对应一个菇包，每个菇包用菌种810g。

（四）发菌和出菇管理

菇包接种后45~60d开始发菌出菇。将菇包移入拱形棚内进行出菇，移入前进行杀虫除草。发菌期棚内的湿度控制在50%~70%即可，温度控制在20~25℃。菇包均匀摆放，行距20~24cm。在菇包上割开3~4个长度为10cm，深度为1.2cm的竖裂口，5~7d后木耳陆续现蕾，以后逐渐加大喷水量，保证木耳的正常生长。菇包出菇时拱形棚内撒上一层石灰粉。

六、幼龄桃园套种西瓜技术

利用幼龄桃园的空闲土地套种西瓜（西瓜与果树2：1），可缓解1~4年的幼龄果园无经济收入的现状，亩产西瓜达1 000~2 000 kg，增加收入3 500元以上。

（一）整地

选择土壤疏松、肥力中等以上、通透性好的幼龄果园，在冬季进行深耕，同时每亩施入农家肥2 500~3 000kg，播种时加施磷肥15~20kg，45%复合肥20~25kg，硼砂2kg，锌肥1kg。

（二）种子处理

1. 浸种

浸种前先将种子晒 1d，将晒过的种子用不烫手的温水（大约 30℃）浸种 6~8h，然后捞出用毛巾或粗布将种子包好搓去种子皮上的黏膜，后用甲基托布津 1 000 倍液再浸 4h，种皮软化即可取出用清水冲洗干净以备催芽。

2. 催芽

将浸好的种子平放在湿毛巾上，种子上面再盖上一层湿毛巾，放置于 30~35℃ 环境下催芽，72h 基本出齐，发芽率为 85%~90%，露白即可播种。

（三）播种

1. 催芽直播

在瓜垄上近施基肥处开深 8~10cm 的浅沟或穴，株距 45~50cm，行距 150~200cm，每穴播入催芽种子 1~2 粒，覆土 2~3cm，催芽直播者经 2~3d 即可出苗。

2. 育苗移栽

苗龄 30~35d，瓜苗 3 叶 1 心开始移栽，亩栽 300~450 棵，移栽后浇定根水。

（四）田间管理

1. 整枝压蔓

选留若干生长相对一致，开花时间和坐果位置相近的子蔓。蔓长到 30~40cm 时可以压第一次，此后每长 30~40cm 则再次压蔓。压蔓时注意将蔓拉捋顺直避免叶片相互遮挡，尽量不要压入叶片。

2. 疏瓜选果

小果型西瓜不论是主蔓还是侧蔓，以第 2 雌花留果为宜

（第10~15节），一般以每株留2~3个果为宜，坐果多时应适当疏果。

（五）肥水管理

若表现水肥不足，应于膨瓜前适当补充水分，在头茬瓜大部分采收后二茬瓜开始膨大时进行追肥。追肥时氮、磷、钾配合施用，以钾肥为主，也可以结合浇水追施腐熟有机肥，一般每亩施三元复合肥40kg。西瓜生长期间，可结合喷药进行叶面追肥，药液中加入0.2%~0.3%的尿素或磷酸二氢钾，每10d左右喷洒1次。

（六）采收上市

当果实附近几节卷须枯萎、果柄茸毛消失、蒂部向里凹、果面条纹散开、皮光滑发亮、果粉退去时，用手指弹瓜，成熟发浊音，反之声音清脆的为生瓜，即可采收上市。

第二节　梨园立体种养模式与实用技术

一、梨园间作荠菜技术

梨树种植园进入丰产期以后，梨树株行距一般在5m左右，树下空间宽敞，秋末到初春梨树无叶，树下光照充足，适合秋冬及初春期间的荠菜生长。荠菜属十字花科荠菜属草本植物，属耐寒蔬菜，喜冷凉气候，根入土浅，须根不发达，短缩茎，叶塌地丛生，开展度15~18cm，对梨树影响小，是梨树种植园秋末到初春的优质间作蔬菜。在梨园间作荠菜，不仅可提高土地利用率，增加收入，还有利于改善梨园土壤结构，增加土壤肥力，消灭梨园杂草病虫害，确保梨树安全越冬。

（一）整地

荠菜种子细小，要把土地整平、整细，捡去杂草垃圾，在距梨树根部1m处设置畦墙，浅耕细耙畦内土层，施足基肥，土层过旱需浇水，使土壤墒情合适。

（二）播种

10月中旬播种，每亩播种量为1.5kg。荠菜种子拌土撒播，力求均匀。播后用脚将畦面轻轻踩踏一遍，使种子与泥土紧密接触，以利于种子吸水，提早出苗。

（三）田间管理

荠菜出苗后，需加强肥水管理。秋播荠菜生长期长，生长期间需追肥4次，每亩每次泼浇稀薄的充分腐熟的人畜粪尿2 000kg。荠菜种植的密度大，需水也多，要经常浇灌，以保持土壤湿润。出苗后除草2次。荠菜病害较少，蚜虫是荠菜的主要害虫，应及时防治，采取物理防治法，拔除病株去除病害。

（四）采收

秋播荠菜采收期长，梨园间作的荠菜可以一次播种，多次采收，以提高产量，延长供应期。采收时做到细收勤收，密处多收，稀处少收，使留下的荠菜平衡生长。

梨园间作荠菜，在投入不多的条件下，经过冬春采收，每亩增收荠菜500kg以上，增加收入2 000余元。

二、梨园套种香菇技术

利用梨园的空闲空间来种植香菇的生产方法，可以充分利用土地资源。利用果树修剪下的枝条做食用菌培养基材料，实现废弃果树枝条的有效利用。果园中的果树为香菇的生长发育提供潮湿环境、充足的氧气和适量的散射光线。生产后的菌渣作为一种有机物料直接深翻到果园土壤中，既能肥土育林，改良土壤结构，又能解决废弃菌渣难以处理的问题，达到资源循环利用、环境友好、可持续发展的效果。

（一）梨园的选择与处理

选择3年以上的结果园建拱形棚，拱形棚的高度是2.5m；果园地平面与水平面的夹角为15°，果树间行距3m；拱形棚自外向内依次设置有塑料镀铝反光薄膜、保温层和塑料薄膜与防虫网结合层，防虫网为60目；拱形棚两侧，距离地面80cm处设置有手摇式升降卷帘机；拱形棚内设置有自动喷淋装置。果园中的果树为香菇的生长发育提供潮湿环境、充足的氧气和适量的散射光线，镀铝反光薄膜可增加反射，促进果树光合作用。

（二）配制培养基拌料

培养基拌料的重量配比为，苹果枝屑73%，棉籽壳10%，麸皮15%，石膏粉1%，石灰粉1%。培养基拌料的具体配制方法为，将苹果枝屑和棉籽壳预湿建堆后撒上石膏粉和石灰粉，混合、建堆，调整水的重量比为50%~55%，建堆3~4d后加入麸皮和水，重新搅拌，并调整水的重量比为60%~65%，得到培养基拌料。

（三）装袋、灭菌、接种

装袋的具体方法是将培养基拌料装入装料袋（装料袋为长×宽55cm×15cm的聚丙烯装料袋，聚丙烯装料袋的优点是可实现对菌包进行高压灭菌或常压灭菌），填料长度为40cm，每袋的湿重为3.6~4.0kg，将装好的装料袋扎紧后得到菌包。在装好的装料袋扎紧后即刻进行高压灭菌；灭菌后在气温10~30℃时选择中高温菌种香菇939和香菇808的3级菌种填充到菌包内；每个菌包包括菌种8~10g，每亩用填充的菌包1 800~2 000袋。果园栽培香菇，应根据当地气温，并岔开果树采收和果树枝条修剪期进行栽培，南方以10月中旬制种，翌年4—9月进行栽培，4月中旬开始出菇为宜；正常情况下从接种至收获结束需时4~6个月。

（四）发菌

菌包的湿度控制在50%~70%，气温控制在20~25℃；菌包接种后35~45d后，菌丝体完全吃透料，切开料层培养基由棕褐色变成棕黄色，松散的木屑变成海绵状，这时应及时进行排菌处理。

（五）排菌

长满菌丝后，在棚内建两条畦（畦宽60~80cm，畦深8~10cm，畦间距离为30~40cm）；对畦撒干石灰粉消毒后，将发菌处理后的菌包脱去装料袋排放于畦内，菌包之间的空隙填充土或碎菌块（可减少畸形菇出现），在菌包上覆地膜（可防止菌包水分流失过快）进行排菌，排菌20~30d后进行出菇管理。

（六）出菇管理

排菌后，保持棚内气温为20~25℃，并保持菌包含水量50%~60%，每天掀膜换气，30d后掀开地膜，早晚各喷一次水，调控空气相对湿度为85%~90%，避免太阳光直射，持续3d或3d以上，菇蕾形成后，增加棚内空气湿度至90%~95%，并保持通风，3~5d后采收第一茬菇。排菌后，保持棚温度23℃左右，可促使香菇原基形成；掀开地膜的目的是进行昼夜温差刺激和干湿差刺激使其形成原基、菇蕾；白天应避免喷水，以免影响温差。出菇期间应提供少量的散射光线，防止太阳光直射造成原基和幼蕾枯死。

（七）采收

当菌盖边缘向内卷曲呈铜锣边状，菌膜刚破裂时进行采摘。采摘时轻旋根部把菇柄完整地摘下，注意不要伤到其他小菇蕾，把菇柄完整地摘下来，可以避免残根腐烂，造成污染。当菌盖边缘向内卷曲呈铜锣边状，菌膜刚破裂时证明子实体达到了七八成熟，七八成熟是子实体最合适的采摘时节，过迟或过早采摘均会影响香菇的产量和质量。采收应在晴天条件下进行。第一茬菇采收完成后进行 7~10d 的养菌，调整棚内湿度至 85%~90%，增加通风换气频率，持续 3~5d；按第一茬菇的培育条件培育第二茬菇。

三、梨园套种鸡腿菇技术

（一）鸡腿菇培养料原料的收集与处理

鸡腿菇培养料原料是工农业有机废弃物，包括醋渣、酒精渣、木薯渣、菌渣及芦苇末、农作物秸秆、树枝条、落叶、野草等。各种有机废弃物均需晒干粉碎并进行发酵腐熟处理。

（二）鸡腿菇培养料配方及菌袋制作

鸡腿菇培养料配方是有机废弃物 66%，棉籽壳 20%，麸皮 12%，石灰粉 2%，培养料含水量 60%，pH 值 7~8。鸡腿菇菌袋的制作方法是：按照配方比例将培养料均匀搅拌发酵后装入塑料袋容器内，每袋装干料 0.8kg，接种后发菌 25~35d，形成发好菌丝的成品菌袋。

（三）梨园场地处理

清除梨园杂草及杂物，在梨园中开挖深 25cm，宽 80cm，长 6m 的菇床，并用石灰粉消毒处理，然后将发好菌丝的成品菌袋摆放在菇床内，覆 3cm 厚的碎土，浇足水分，盖上薄膜、草帘或者遮阳网，保持 15~20d，鸡腿菇就能破土而出。

（四）套种时间选择

嘉兴地区一般 4—6 月栽培，9 月下旬至 11 月上旬出菇。

（五）鸡腿菇的采收

鸡腿菇的子实体成熟速度快，必须在蕾期、菌环尚未松动、钟形菌盖上出现反卷毛状鲜片时采收。如菌环已振动或已脱离菌柄时采收，则菌褶自溶流出黑褐色的孢子液而完全失去商品价值。采收时用手轻握菇体旋转式拔起，用利刃削除菇脚泥土即可上市鲜销或加工成干品出售。

四、梨园养鹅技术

（一）果园的选择及处理

选择地势平坦，土地肥沃，野草丰美，通风良好，面积 10 亩的果园进行养殖。放养鹅群前先用高 1.5m 的铁丝网把果园四周围起来，并用高 1.5m 的铁丝网将果园分成面积相同的三个区域。鹅群采用轮流放养制养殖，每个区域放养鹅群的时间为 1 周，并在放养鹅群前 14d 在果园地面施加未腐熟的农家肥 70kg/亩、灌溉水 350kg/亩对果园的土壤追肥，并施加熟石灰 15kg/亩消毒，或在放养鹅群结束后次日在果园地面施加未腐熟的农家肥 70kg/亩、灌溉水 350kg/亩对果园的土壤追肥，并施加熟石灰 15kg/亩消毒。

（二）鹅舍建造

鹅舍长 5m、宽 3m、高 1.5m，鹅舍离地 0.3m，底部和四周都用木板制作，上方设置防雨装置，舍内设置一个面积 $7m^2$ 的恒温室。

（三）雏鹅选择

选择的雏鹅要羽毛蓬松、毛色发亮、脚部粗壮、叫声洪亮，每亩果园需选雏鹅 80 只。

（四）饲料

饲料 A 由以下重量份原料组成：玉米粉 30～35 份、大麦 10～15 份、花生饼 10～15 份、鱼粉 5～10 份、豆饼 5～10 份、麦麸 5～10 份、草粉 5～10 份、米糠 5～10 份、骨粉 3～5 份、食盐 1～3 份、生长素 1～3 份。

饲料 B 由以下重量份原料组成：玉米粉 20～25 份、大麦 20～25 份、花生饼 20～25 份、鱼粉 10～15 份、豆饼 5～10 份、麦麸 5～10 份、草粉 10～15 份、米糠 5～10 份、骨粉 3～5 份、食盐 1~3 份、生长素 1~3 份。

（五）雏鹅前期管理

15 日龄内的雏鹅于鹅舍中的恒温室养殖，室温保持在 32℃，保持室内干燥，每日更换鹅的饮用水 5 次，鹅的饮用水水温需保持 30℃，每日消毒鹅舍 1 次，每日用饲料 A 投喂 8 次，投喂量为每次每只 30g。

（六）雏鹅后期管理

16~30 日龄的雏鹅于鹅舍内饲养即可，不需要放到恒温室中养殖，保持室内干燥，每日更换鹅的饮用水 3 次，鹅的饮用水水温需保持 30℃，每 3d 消毒鹅舍 1 次，每 3d 于果园中放养 5h，雨天不能于果园中放养，每日用上述饲料投喂 6 次，投喂量为每次每只 80g。

（七）中鹅期管理

31~70 日龄的中鹅于果园中放养，雨天于果园中放养 8h，非雨天整日于果园中放养，每日更换鹅的饮用水 2 次，每日用饲料 B 投喂 3 次，每次投喂的饲料量为鹅体重的 10%。

（八）肥育期管理

肥育期时间为 30~35d，肥育期把鹅圈养于鹅舍内，每日消毒鹅舍一次，每日更换鹅的饮用水 3 次，于投喂饲料时更换鹅的饮用水，每日用饲料 B 喂养 3 次，每次投喂的饲料量为鹅体重的 12%。

（九）后备期管理

后备期为 20~25d，后备期把鹅放养于果园内，雨天于果园中放养 12h，非雨天整日于果园中放养，每日更换鹅的饮用水 2 次，每日用饲料 B 投喂 3 次，每次投喂的饲料量为鹅体重的 10%。

（十）收获成鹅

饲养鹅130d即可收获成鹅，95%以上个体可达8kg以上。

五、梨园套种辣椒技术

（一）梨园地的选择

选择土层深厚、肥沃、不含重金属，周边无污染源，灌溉条件好，交通便利，其中梨树不超过5年生的梨园。

（二）辣椒育苗

根据园地所处海拔高度，确定辣椒品种、下种育苗时间和种植面积，然后进行苗种水肥、揭棚管理，待辣椒苗生长至23cm时选择晴天移栽。

（三）施肥覆膜

基肥是辣椒生产的重要养分来源，因此要施足基肥。施以腐熟农家肥、商品有机肥、高钾中氮低磷硫酸钾型控释复合肥和生物肥。其中，农家肥充分腐熟，用量为1 850kg/亩，商品有机肥用量为60kg/亩，控释复合肥用量为150kg/亩，生物肥用量为65mL/亩，以条播起垄覆膜备栽。

（四）辣椒种植

根据梨园果苗定植株行距确定辣椒株行距。待辣椒采摘5次果后，对肥力较差、底肥不足田块补追高含量速效复合肥15kg/亩。辣椒生长中后期喷施磷酸二氢钾叶面肥，每20d喷施1次，喷施5次。梨园内设置黄色粘虫板来防止虫害。

梨园套种辣椒的种植方法，在种植中前5年商品辣椒亩产可达到3 500~4 000kg，每年每亩梨园套种辣椒可收入5 000~8 000元。5年后，辣椒和梨园内水果开始同时收益，即梨园套种辣椒亩收入可实现高产优质的高效种植目标。梨园套种辣椒的种植方法能有效控制滥施除草剂、农药问题，有效提高地力，保护生态环境。

第三节　猕猴桃园立体种养模式与实用技术

一、猕猴桃园套种魔芋技术

（一）选址

选取4年生以上的猕猴桃园植株间空地，猕猴桃植株间距离为3m，架高1.8m。

（二）撒施基肥

根据猕猴桃植株的行株距情况，在距离猕猴桃树基部80cm以外的空地上撒施基肥，每亩施堆肥4 000kg，消毒粉50kg（消毒粉由硫黄粉、生石灰、草木灰按照1∶25∶25的比例均匀混合配制），均匀铺撒。

（三）整地

翻耕深30cm，耙碎耧平，然后挖沟起垄，沟宽20cm，垄高20cm，垄宽140cm，作为魔芋栽培畦。

（四）选种

选择无伤、无病、口平、窝小、叶芽短壮、表皮幼嫩的种芋，按照大小规格分类待播。

（五）催芽

在播种前15~20d，将种芋用0.8%的硫脲溶液浸泡3h，然后取出晾干，再用0.05%的高锰酸钾溶液浸泡22h，然后取出晾干；再放入温度为20℃、空气相对湿度70%的环境中催芽10d。

（六）播种

时间为3月底至4月上旬，将种芋播种于深度为15cm的窝沟中，播种的行距为种芋直径的7倍，株距为种芋直径的4倍，播种时将种芋叶芽朝向东方倾斜45°。

（七）施底肥

播种时先在窝沟底部埋底肥（底肥由硫酸钾、钙镁磷肥、过磷酸钙、草木灰按照1∶2∶3.5∶5的比例均匀混合配制），每窝30g，然后覆土，再播种，再覆土，再铺撒一层底肥，再覆土，每亩撒施底肥180kg。

（八）除草

播种后用48%乐斯本乳油1 000倍液喷洒畦面杀虫，然后立即覆盖稻草。5月底用10%草甘膦250倍液进行田间喷雾除草，魔芋出苗后用手除草。

（九）追肥

分别在6月下旬、9月上旬、10月初各追施1次清粪水于叶柄基部，每次每亩灌施800kg。

（十）采收

11月下旬，待地上部分倒伏枯死且容易剥除后，选择晴朗天气采挖，从距离植株20cm处深挖25cm，清除泥沙，除掉鞭须，晾干表皮水分再收集贮藏。

二、猕猴桃园养殖蚯蚓并套种玉簪技术

（一）猕猴桃的种植

1. 搭建猕猴桃架

直立支柱用水泥柱，横梁用6cm×6cm的角铁架设，直立支柱的横截面通常为10~12cm^2；直立支架长为2.1~2.6m，埋入土中60~80cm，横梁长2~2.5m，横梁上架设3~5道铅丝，铅丝采用8~10号镀锌铅丝。

2. 猕猴桃“单干双主蔓树形”的培养

猕猴桃苗定植后剪留2~3个饱满芽，在植株旁插竹竿，从

发出的新梢中选一生长最健旺的枝条作为主蔓，将其用细绳固定在竹竿上，每隔25cm绑一道，引导其直立向上生长，注意不能缠绕竹竿。如果生长一定时间后生长减弱或发生缠绕可进行摘心，促发二次枝、继续培养强旺主干。其他新梢作为辅养枝保留2~3片叶摘心，对于嫁接口以下发出的萌蘖及时去除。冬季修剪时将主蔓剪留3~4个饱满芽，其他枝条全部从基部疏除。

翌年从当年发出的新梢中选择一长势强旺者固定在竹竿上引向架面，其余新梢全部尽早疏除（选留新梢即为主干）。主干先端开始缠绕其他物体时摘心，发出二次枝后再选一强旺枝继续引导。主干高度超过架面30~40cm时，沿中心铅丝弯向一边作为一个主蔓；同时在弯曲部位下方附近发出的新梢中，选一强旺者将其引导向相反一侧沿中心铅丝伸展作为另一个主蔓。主蔓在架面上发出的二次枝全部保留，分别引向两侧的铅丝固定。冬季修剪时，将架面上沿中心铅丝延伸的主蔓和其他枝条均剪留到饱满芽处，单主干双主蔓树形基本确定。

（二）套种玉簪

在猕猴桃栽植后的第4年3月利用分株方法对玉簪进行穴植，穴深15~20cm，株距40~45cm，行距55~60cm，每两行猕猴桃之间栽植4行玉簪。

（三）养殖蚯蚓

玉簪栽植后铺一层1~2cm的田园土，投放蚯蚓，养殖密度为1 300~1 800只/m^2。

1. 蚯蚓饲料的配制

饲料配比为粪料65%，草料35%，粪料为鸡、鸭、羊、兔等的粪便，草料为木屑、杂草、秸秆、瓜秧或树叶。

2. 饲料的发酵

草料切成10~13cm长，干粪及工业废渣等块状物应大致拍散（有毒物质不能使用）。然后堆制，先铺草料后铺粪料，草料每层厚 20cm，粪料每层厚 10cm，堆制 6~8 层约 1m 高，长度宽度不限，料堆松散，不要压得太实。做成圆形或方形的料堆后，用洒水桶在料堆上慢慢喷水，直到四周有水流出停止，用稀泥封好或用塑料布覆盖。料堆一般在第二天开始升温，4~5d 后温度可升到 60℃ 以上。10d 后进行翻堆，第二次重新制堆。即上层翻到下层，四边的翻到中间。把料抖散，把粪料和草料拌匀。发现有白蘑菇菌丝说明堆料过干，需加水调制。10d 后再翻堆，进行第三次重新制堆。经过 1 个月的堆制发酵即可腐熟。

3. 投放饲料

黄昏时投放饲料，一天投放 1 次，投放量为 1 次 10~20g/m^2。

4. 采收蚯蚓

当蚯蚓 80%个体达到 13g 以上时进行采收。

三、猕猴桃园养殖蜗牛并套种苜蓿技术

（一）套种苜蓿

1. 苜蓿接种根瘤菌

将根瘤菌剂配成 1%~2%的水溶液（每 500g 根瘤菌剂水溶液拌苜蓿种子 1kg），使其吸附在种子上，不要用干菌剂直接拌种，用温水浸过的种子晾干后再接菌。

2. 套种苜蓿

在猕猴桃栽植后的翌年 2—3 月套种苜蓿，在猕猴桃生长的前 4 年，每两行猕猴桃间播种四行苜蓿，亩用种量为 0. 8kg；第 4 年以后，每两行猕猴桃间播种两行苜蓿，亩用种量为 0. 4kg。

3. 苜蓿实时分批采收

当苜蓿植株平均株高为 50cm 时采收。

（二）养殖白玉蜗牛

将沙子、田园土和陈石灰以 5：5：1 的体积比进行混合；苜蓿栽植后铺一层 1～2cm 的沙子、田园土与陈石灰的混合物；黄昏时投放饲料，2d 投放 1 次，每次投放量为 20g/m^2；饲料配比按重量份计为：米糠 65 份、大豆饼 18 份、骨粉 12 份、碳酸钙 0.3 份和复合维生素 0.03 份；蜗牛的养殖密度为 200 只/m^2。当白玉蜗牛 80%个体达到 50g 以上时进行采收。

四、猕猴桃园套种大球盖菇技术

大球盖菇又名皱环球盖菇、皱球盖菇、酒红球盖菇，是国际菇类交易市场上的十大菇类之一，也是联合国粮农组织（FAO）向发展中国家推荐栽培的蕈菌之一。事实证明，大面积推广种植大球盖菇具有非常广阔的发展前景。一是栽培场地广阔，山地、果园、大田均可栽培大球盖菇；二是栽培技术简便粗放，可直接采用生料栽培；三是栽培原料主要为稻草、麦秸等秸秆，原料来源丰富，可以作为我国广大农村处理秸秆的一种主要措施，栽培后的废料可直接还田，改良土壤，增加肥力；四是大球盖菇抗逆性强，适应温度范围广，可在 4～30℃范围出菇；五是大球盖菇产量高，营养丰富，被广大生产者和消费者所接受。

在猕猴桃园区套种大球盖菇，通过采用猕猴桃树枝屑、农作物秸秆（水稻、小麦、玉米秸秆等一种或混合）作为辅料，薯蓣皂素生产的废渣废水调节土壤 pH 值，秸秆覆盖畦床用于出菇的技术生产大球盖菇。本技术充分利用土地资源、猕猴桃树枝屑、农作物秸秆、薯蓣皂素废渣废水，解决了薯蓣皂素废渣废水对环境的污染问题，降低了猕猴桃土壤改造和覆盖成本，提高了土地的产出率，在不改变猕猴桃产量的同时生产大球盖菇，达到增产创收的目的。

（一）原料的收集和加工

原料选用冬夏季修剪下来的猕猴桃果树枝条，选用专业的枝条粉碎机械，粒度大小控制在5~10mm，制成猕猴桃树枝屑；水稻、小麦、玉米秸秆切成1~3cm小段，以1∶1∶1的比例混合制成秸秆短料。

（二）材料浸泡

培养基A料为50%的猕猴桃树枝屑、50%的秸秆短料混合物，将混合均匀的培养基A料装入透水袋子放入水沟、水池中浸泡2d，然后自然沥干，控制含水量为70%~75%。另外浸泡稻草或麦草原草，浸泡时要边浸边踩，以便浸透水分，稻草浸泡2d，麦草浸泡1d，然后自然沥干，控制含水量为70%~75%，用于畦床发菌阶段的保温、保湿和出菇阶段幼蕾防晒。

（三）培养基配制

将浸泡后的培养基A料中按以下重量份加入草炭、麦麸和水：培养基A料85份（干料计）、草炭10份、麦麸5份，水适量，将以上物料混合均匀，控制水分为60%~70%，然后建堆发酵。

（四）堆制发酵

将培养基堆成底宽3m，高1.5m，长不限的梯形堆，料堆好后从料堆顶面向下打孔洞至地面，孔距40cm，孔深10cm以上，并在料堆两侧面打孔洞，间距40cm，深度至料堆中心，防止料堆中部和底部缺氧。料堆四周用草帘封围，3d后堆内开始升温，当料堆内温度达到55℃时，开始计时，保持48h以上，当料内有白色粉末状高温放线菌出现，开始第一次翻堆，翻堆时将内层温度较高部位的料翻到地面层，表层及邻近地面的低温料翻到高温层位置。重新建堆后扎孔洞，当料温再现55℃以上时，再保持2~3d，检查培养料发酵程度，当料呈茶褐色，料中有大量粉状白化物，无氨臭及料酸味，质地松软即为发酵好的标志。

发酵好的料要及时散堆降温，当料温降到25℃以下时方可铺料播种使用。在散堆时，要进行1次调水措施，控制水分为65%。发酵后的培养基称为培养基B料。

（五）场地整理及杀虫

栽培场地确定后，根据土壤pH值状况，采用薯蓣皂素酸性废渣废水均匀覆洒，混合均匀，调整猕猴桃生产最适土壤pH值为5.5~6.5，水分控制在40%，然后把地整成畦床形，中间稍高，两侧稍低，高25cm、宽80cm、长不限，挖出的表层土堆放在一侧，作覆土用。畦建成后，在畦上泼浇2.0%羊粪沼气粪肥水，喷洒辛硫磷2 000倍液，进行全面的杀虫处理，杀菌3d后进行铺料及播种。

（六）铺料及播种

先在畦床底部铺一层10cm厚的稻谷壳，然后铺一层10cm厚的培养基B料，在培养基B料中播一层菌种。播种时将菌种掰成2~3cm的块状，菌种按8cm×8cm（长×宽）穴播，穴深4cm；每平方米用培养基50kg，用种量为500g，培养基和菌种播种结束，将培养基B料用木板轻轻拍平，从畦床培养基两侧面扎两排3~5cm粗的孔洞至畦床中心下部床面，呈“品”字形，孔洞间隔15~20cm，使畦床培养基中心有充足的氧气，并防止畦床中心培养基升温伤菌。然后覆土，覆土厚度为2cm，覆土土壤pH值控制在5.5~6.5，水分控制在40%。覆土后在畦面铺一层2~3cm厚的稻草、麦草或草帘，用于发菌阶段的保温、保湿和出菇阶段幼蕾防晒。

（七）发菌期管理

播种后40~50d内将料温控制在20~25℃，培养料含水量65%~70%，空气相对湿度85%~90%。覆盖秸秆上面喷水保湿，加盖遮阳网或增加插孔散热。

(八) 出菇期管理

在出菇前用辛硫磷 1 500 倍液再次杀虫处理，防止出菇期害虫为害子实体。控制培养料温度在 14～25℃，保持覆土层呈湿润状态，培养料含水量控制在 65%，空气相对湿度达到 90%～95%。每天翻动覆土层上面的秸秆 1 次，有利于通风，秸秆上面喷 2 次水，以喷水时多余的水分不会渗入培养料为度，采用少量多次喷水的原则。

(九) 采收

从幼菇露出白点到成熟需 5～7d，整个生长期可收三茬菇，一般以第二茬的产量最高，以没有开伞的为佳。子实体的菌褶尚未破裂或刚破裂，菌盖呈钟形时为采收适期，最迟应在菌盖内卷，菌褶呈灰白色时采收。达到采收标准时，用拇指、食指和中指抓住菇体下部，轻轻扭转一下，松动后再向上拔起。注意避免松动周围的小菇蕾。采收菇后，菌床上留下的洞口要及时补平，清除留在菌床上的残菇，以免腐烂后招引虫害而为害健康的菇。采收的鲜菇应切去其带泥的菇脚，去除残留的泥土和培养基等污物，剔除病虫菇，进行鲜菇销售。鲜菇在 2～5℃温度可保鲜 2～3d。

(十) 培养基还园

大球盖菇采收后，根据培养基 pH 值状况，采用薯蓣皂素酸性废渣废水均匀覆洒，混合均匀，调整培养基 pH 值为 5.5～6.5，用于猕猴桃园土壤覆盖。

第四节　葡萄园立体种养模式与实用技术

一、日光温室葡萄-草莓立体栽培技术

（一）日光温室的搭建

参考山东寿光第五代新型高效节能日光温室，葡萄的架式为小棚架，采用单蔓整枝栽培；葡萄定植在温室南侧，距温室南端100cm，草莓定植于葡萄棚架架面下，距葡萄栽培区50～80cm。该套种技术通过将温室葡萄栽培技术与温室草莓栽培技术进行整合，充分利用了日光温室的地面及上层空间，可以使日光温室的土地当量比达1.84，产品产出时间达到210d，同时促进温室土地、光能、水源的综合利用。

（二）整地

在定植前进行深翻细耕，施入充足的基肥，结合整地可亩施多菌灵2.5kg进行土壤消毒，将土壤耙平、耙细，起垄。

（三）草莓种植

可选择丰香、章姬、佐贺清香等抗病力强、丰产的品种，可在8—9月选择草莓壮苗定植，株行距20cm×30cm，亩栽1万株左右。定植时剪去老叶，将新茎弓背朝向畦外侧，并使苗心基部与地面平齐，做到“深不埋心，浅不露根”，浇足定植水。

（四）葡萄种植

葡萄可在4—5月时移入温室内，在9月下旬进行强制休眠，在春节前后发芽，发芽1个月左右即可开花，亩栽1 500株左右。也要选择丰产、品质好、抗病力强的品种，最好选用3年生的大苗带土球移入。

（五）日常管理

1. 扣棚覆膜

草莓覆膜保温期宜在10月中旬，太早则花芽分化不充分，产量下降；太迟则进入休眠，影响上市期。选晴天扣大棚膜后，即可覆盖地膜，可选黑色地膜。开孔，将植株的叶片从孔中扒出，膜面要压实、紧绷，畦沟铺稻草或稻壳。

2. 大棚温度管理

冬春季管理应以草莓生长为主，按草莓生育期变化调节大棚温度。扣棚初期温度保持在25~30℃，夜温5~10℃，过低时在大棚内设小拱棚；展叶期控制在20~26℃；开花坐果期20~28℃。葡萄地膜覆盖宜在1月底至2月初，用银黑双色膜覆盖。

3. 施肥管理

草莓在2片叶未展开时，用5~10mg/L赤霉素处理，每株3~5mL喷洒。合理疏花，优先选留早开放的花，适度疏除后期未开的花蕾；及时摘除老叶、病残叶、果柄等，改善通风透光条件。现蕾至结果期进行3次追肥，分别在植株顶花序现蕾时、顶花序果实膨大期、顶花序果实采收期进行，以后每采收一批追肥1次，可加工私人定制配方肥，根据草莓长势和土壤情况定制氮磷钾配比，满足草莓生长需要，提高草莓结果率。

草莓采收将要结束时，葡萄开始旺盛生长，此时可结合草莓浇水对葡萄施1次萌芽肥，促进萌芽整齐；做好枝蔓摘心、副梢处理、去卷须工作。在葡萄膨大期、硬核期进行2次追肥，采用适宜葡萄各生育期生长的配方肥，合理氮磷钾配比，提高葡萄商品性，增加经济效益。

4. 病虫害控制

对于葡萄病虫害控制采取以防为主、综合防治的措施，主要防治灰霉病、叶蝉和白粉病等病虫害。冬天对葡萄枝进行修剪，对修剪后的枝叶进行消毒清理。夏天要多观察，及时发现病虫害并进行喷药控制。草莓主要容易遭受红蜘蛛的为害，大棚保温后发现有红蜘蛛时，立即用20%三氯杀螨醇1 400倍液或者尼索朗乳油1 800倍液进行喷洒灭虫。

（六）采收

草莓采收从12月中旬起，延续到翌年5月中下旬；葡萄在7月下旬至8月上旬上市，从而获得双重收益。

二、温室葡萄套种番茄技术

（一）种植模式

种植方式：葡萄与番茄均为南北行种植。葡萄采用单壁篱架栽培。

株行距：葡萄为0.5m×2m。番茄于葡萄行间栽植4行，株距0.35m。

品种：葡萄采用波利纹玫瑰，番茄以早熟、低秧的北京早红品种为主。

温室：日光温室长70～80m（过长，保温效果不好），南北宽7.5m（过宽，后面受光较差）。温室采用全钢拱架，塑料薄膜覆盖。

施肥：葡萄为一栽多年的方式。每年秋施充分腐熟的优质有机肥3 000kg作基肥，每亩加入氮3kg，磷5kg，钾4kg，沟施。葡萄根上、葡萄行间撒施有机肥，每亩1 000kg。结合深翻增施硫酸铵25～30kg/亩，磷酸二铵10～15kg/亩。

（二）主要栽培技术要点

1. 番茄育苗

番茄育苗时期根据温室加温时期确定。加温时期一般为12月下旬，由此可推算出番茄的育苗时期为前一年的11月上旬（番茄的苗期为50d左右）。番茄的育苗与一般的常规育苗相同，主要是防止秧苗的徒长，培育壮苗，适时移栽。

2. 温室加温

葡萄在温室加温前，涂抹石灰氮。方法是，在加温前 1 个月左右（11 月底至 12 月初）用石灰氮 5 倍液涂于结果枝上。每千克石灰氮对 50℃ 温水 5kg，加入适量展着剂用喷雾器喷施全株，可提早发芽 15d，且发芽整齐，葡萄可提早上市 15d 左右。

温室加温的时间为 12 月下旬，冬至以后开始。温室加温，温度不能上升过急。如温度过高，葡萄提前发芽，而地温一时跟不上来，会造成植株地上部与根系活动不协调，发芽不整齐。所以，开始温室加温催芽第一周实行低温管理，白天保持 20℃ 左右，夜间 10~15℃。在开始加温后，结合追肥灌足芽前水。

3. 番茄移栽

温室加低温 1 周后，逐渐提高温室的温度，白天保持 28~30℃，晚上保持 15~20℃。持续 3d 后，移栽番茄，于葡萄行间按 40cm×35cm 行株距栽植 4 行，每亩定植 4 500 株。定植后盖地膜，并适时浇小水，忌浇大水。定植后，温度保持在 30℃ 左右，夜间保持 15~20℃ 的较高温度。

番茄定植缓苗后，喷施 1% 的矮壮素，每隔 7d 喷 1 次，共喷 2 次，并严格掌握用药浓度。

4. 葡萄新梢初期的管理

夏剪：包括上架、抹芽和疏枝定梢。当葡萄长出 3~4 片叶开始上架。抹芽在芽萌动后展叶前进行，把多余的、发得晚、部位不好、瘦弱、尖细、密集的芽抹去。疏枝定梢要使枝芽尽量靠近主蔓，合理布局枝芽密度，调整好植株的负载量。3 年生葡萄每条主蔓留 4~6 个结果新梢即可。

温湿度的管理：此期温度过高，湿度过大，必然引起新梢的徒长，因此保持低温成为管理关键。温度白天控制在 25~30℃，夜间 15℃ 左右为宜，与番茄此期对温度条件的要求相一致。湿度保持60%，过大要通风换气。如无萌芽或发芽势不强，绝对不能灌水，进入花前10~15d适量灌1次水。

5. 葡萄花期的管理

疏花序、掐穗尖、去卷须：葡萄萌芽后20d左右，根据花序的大小和多少决定疏除量，掐去穗尖的1/5~1/4。卷须空耗养分，应随时摘除。

采取调控措施提高坐果率：于花前2~4d对叶片和花序喷布0.2%的硼砂溶液，初花期喷布助壮素100~150倍液。

温湿度管理：温度指标：白天保持28℃左右，夜间保持16~18℃为宜。此期湿度要相对低一些，以利于授粉、受精过程的顺利进行。湿度保持50%，湿度过高应通风换气。

6. 番茄中后期技术管理

掌握好湿度，及时灌好第一水。当第一序果核桃大，第二序果蚕豆大，第三序果花蕾刚开花时，结束蹲苗，开始灌水。以后每10~15d灌水1次，结合追施尿素每次亩施7.5~10kg。灌水时，结合葡萄的需水时期适当提前或延后。

防止落花落果和畸形果：由于温度因素引起的落花落果，可用2，4-D点花柄，浓度10~20mg/kg。由于其他条件造成的，可通过改善光照，调节土壤水分，进行根外追肥，增加二氧化碳等措施调控。2，4-D点花柄不应重复，浓度不宜过高，以防造成畸形果。

盛果期的综合措施：温度保持在25~28℃；土壤含水量在20%~25%；10~15d浇1次水（结合葡萄的需水）；草帘晚盖早揭；喷施磷酸二氢钾300倍液，7~10d喷1次。乙烯利催熟：果梗上催熟500~1 000mg/kg；摘果催熟2 000~3 000mg/kg。

7. 葡萄幼果—硬核期的管理

肥水管理：追肥以磷钾肥为主。钾肥在硬核期前后1次施入，每亩用（纯钾量）2.5~3kg。磷肥（纯磷量）可于花后和硬核前期，使用时分批施入 1.5kg/亩。此期灌水视土壤情况和番茄的灌水情况而定。

扭梢：温室葡萄发芽往往不齐。为了使结果枝在花前长短基本一致，要将先萌发的芽基部扭一下，延缓生长，经 10~18d 达到一致的目的。

引缚：使结果枝均匀分布在架面上。

摘心：在结果花序上留 5~6 片叶摘心，营养枝留 4~5 片叶摘心。对摘心后发生的副梢只留下顶端 1~2 个，每个副梢上留 2~4 片叶反复摘心。

疏穗、疏果：落花后 15~20d 进行疏穗和疏果。结果枝强壮的留 2 穗，中庸的留 1 穗，弱的不留，保持每主蔓 4~6 穗果。按坐果的好坏及早疏除部分过密果和单性果。

温湿度管理：此期提高夜温对促进幼果膨大生长和成熟有很大意义。夜温保持在 18~20℃，不能超过 20℃。此时，外界温度升高，及时通风换气，白天保持 25~28℃。

此期需水量最大，是促进日光温室葡萄提早成熟的一个关键管理时期，应适时灌水。

8. 葡萄着色、成熟期的管理

夏剪：始着色时，去掉基部老叶，硬核期喷 40% 乙烯利 1 500 倍液加 0.3%的磷酸二氢钾。浆果变软时，喷 2 000 倍乙烯利加萘乙酸 500 倍液，既催熟又防落粒。

温湿度：此期室外温度已高，膜已基本除去，温度管理和空气湿度不是重点。但此期需水量也较多，要适时灌水 1~2 次。不过，后期要停止灌水。

9. 防治病虫害

葡萄病害主要有黑痘病、白腐病、炭疽病、霜霉病、蔓枯病等；虫害有烟蓟马、白粉虱、二星叶蝉。

番茄的主要病害有：早疫病、晚疫病、灰霉病、病毒病。

采用常规方法防治即可。

三、葡萄—土豆立体栽培技术

（一）整地施肥

在大棚内沿南北方向间隔1～1.3m开沟起垄，形成相互平行的沟底，沟底宽0.4～0.5m，沟顶宽0.8～1.1m，沟深0.5～0.8m，开沟覆土防渍，提供排灌通道，在沟底施腐熟有机肥，每亩1 500～2 000kg。腐熟的有机肥为食草动物的粪便经腐熟制得。

（二）土豆催芽

将土豆放在口袋中密封，置于20～25℃的温度下，使土豆发芽。把有芽眼的土豆切块，保证每块土豆都要有芽眼。

（三）葡萄育苗

常用扦插繁殖。剪取生长粗壮、芽眼饱满的1年生枝条，用单芽或双芽剪成长5～15cm进行插条，按15cm×50cm距离扦插在沟内。

（四）土豆育苗

将有芽眼的土豆块埋入垄背土壤中，芽眼一端朝上，埋入深度为1～2cm，适时浇水、充分光照，出苗后及时疏松土壤，并向苗根培少量土。

（五）绑蔓

搭棚架，葡萄新梢长至30cm时绑蔓，隔15d再绑1次，同时摘除卷须，7月上旬再进行1次。

（六）整枝

在夏季对葡萄的主蔓进行反复摘心，每株葡萄的侧蔓只留1～3枝长势好的，其余的剪除。

（七）肥水管理

按氮、磷、钾 1∶0.5∶1.2 的比例，施完全肥，每 10~15d 追施 1 次腐熟有机肥。苗期需要额外增施氮肥，额外追肥喷 0.3%尿素和 0.2%硫酸二氢钾促进果实膨大和成熟。及时中耕除草，遇天气干旱，应适时浇水，汛期应及时排涝，严防田间积水沤根死苗。

（八）病虫害防治

加强葡萄的霜霉病、黑痘病、白腐病及根腐病，土豆的早疫病、晚疫病及黑茎病的防治。

（九）采收与贮存

土豆应在 6 月中旬进行收获，葡萄在 8—9 月进行收获。

四、葡萄园生态养鸡技术

（一）品种选择

1. 葡萄品种选择

嘉兴市位于长江三角洲杭嘉湖平原心腹地带，地处于北亚热带南缘，属东亚季风区，冬夏季风交替，四季分明，气温适中，雨水丰沛，日照充足，年平均气温 15.9℃。目前嘉兴种植的葡萄品种以夏黑、醉金香、红地球和美人指等为主。葡萄在钢丝网上生枝、挂果，离地 2~2.5m，为葡萄园套养土鸡提供了较好的饲养条件。

2. 鸡品种选择

利用葡萄园养鸡主要采用以放牧为主、补饲为辅的饲养方式，因此在鸡一般选择适应性强、抗病力强、耐粗饲、勤于觅食、活泼好动、肉质上乘的品种。嘉兴葡萄园养鸡所选品种主要以本地优质土鸡三园鸡为主，该品种具有抗逆性、抗应激性强，适应性强，觅食性广，耐粗饲，肉味鲜美、风味独特等特点，且市场需求量大。

（二）基础建设

在养殖过程中鸡走失常有发生，为防止走失，将铁丝围网围在葡萄园四周。为确保园内鸡的安全，均用围网阻拦通往园外的下水道口。园区内环境建设要交通便利，地势高燥，结合生产用房和园内主干道，可将葡萄园分为多个养殖小区，并且要求通风、光照良好。

1. 葡萄园基础建设

为实现葡萄、鸡双赢局面，创造“上果、中鸡、下草”的生态模式，在葡萄园配套养鸡时葡萄园以种植 3 年以上葡萄为宜（3 年以上葡萄已进入丰产期，根系发达，不易被鸡破坏），且钢丝结构架一般高 2~2.5m（足够高的钢丝结构架为葡萄园养鸡提供足够的饲养空间，一方面防止鸡苗对果实的破坏，另一方面也为鸡苗生长提供足够的通风条件和光照条件）；另外要求葡萄园排灌设施良好，不潮湿。

2. 配套养鸡时葡萄管理注意事项

在葡萄园配套养鸡时为了实现葡萄、鸡双赢必须注意在进行葡萄施肥、喷洒农药时将鸡群暂时关闭（有一定规模以后可以通过鸡的采食，减少葡萄病虫草害的发生，并用鸡粪作为优质有机肥施于葡萄地里，可以少用药甚至不用药，既节约了肥料、农药等开支，又可提高葡萄产量和品质；同时鸡肉味道鲜美，鸡蛋营养价值高，实现无公害养殖）。另外，在葡萄开花结果后对葡萄进行套袋处理，不仅使果面干净，有效地防止了果锈等病虫害，还能防止鸡对果实的破坏。

（三）词养管理技术

1. 掌握合理的放养密度

利用果园养鸡时实行放牧散养，必须根据园地的面积大小确定养鸡的数量，一般每亩葡萄园饲养80~120只鸡苗。密度过大，则不利于葡萄园日常的管理，也会使鸡粪净化困难，造成环境污染；密度过小，则会削弱果林的利用效率。

2. 适时放牧

一般情况下土鸡具有疾病少、耐粗饲等特点，但因为饲养周期长，加上长期放牧野外，接触病原的机会增加，有时还会遇上果园施肥、喷洒农药等造成药物中毒，因此对鸡苗的防疫不容忽视，除加强日常管理外，还需要注意在对果园进行施肥或喷洒农药时一定要隔离鸡群1周以上，以免鸡群受到药害。

3. 雏鸡饲养

3月底进雏鸡为最佳时间，鸡苗应选择健康、活泼、体质好的个体。待雏鸡运回后，可利用葡萄园的附属生产用房进行保温饲养。保温育雏舍面积约40m^2，热源采用畜牧专用保温灯或炭火加热等。

雏鸡的保温饲养：健康雏鸡进舍前，让其安静休息2h，并掌握时间适时开食和饮水。实践证明，在雏鸡入舍后约30min的时间保持舍内温度略高于正常需要的温度，便于鸡苗“潮口”完全（鸡苗开食前饮水称为“潮口”），同时在饮水中加入5%的葡萄糖温水或氨基电解多维等药物，以防止鸡苗出现应激反应。待鸡苗“潮口”完全后（一般以鸡苗啄手指为宜）便可开食，初期应加足精料让其自由采食，时间为2d，以后每天喂饲减到3次。小鸡觅食性较差，因而以喂饲为主。15~30日龄后采取半放牧，早晚可在舍内自由采食，中餐免喂；待鸡苗脱温完全并适应葡萄园放牧环境后早餐喂饲量由放养初期的足量减少至六成，中餐免喂，晚餐一定要吃饱。

4. 对成年大鸡的饲养

对成年大鸡的喂养比较宽泛和灵活，实践证明，鸡舍和避雨设施每节长、宽、高均为90cm，用木条钉制而成，铁皮蒙制尖顶，每移动鸡舍内悬挂一生蛋篮。采用移动方便的鸡舍，葡萄生长的任何田间操作都不受此规格设计影响。每5节移动鸡舍为1组，每养殖区设5组左右，鸡舍在各自的葡萄行间向前移动周期为2d，有利于鸡粪分散园内。这样鸡粪可促进葡萄园蚯蚓、小草、昆虫生长，得以休养生息，等鸡下次再回来时，又有较多的蚯蚓、小草等供鸡食用，往复如此形成生态食物链，达到种植葡萄、养鸡双丰收的效果。

5. 适时免疫防御疾病

由于葡萄园大，养鸡数量多，防疫接种工作、疾病防范难度加大，因此能在育雏时完成的都在育雏阶段完成，要严格按照正常免疫程序进行。饲养期较长的产蛋鸡，需接种鸡传染性支气管炎疫苗，在雏鸡阶段饲料中加入防白痢、抗球虫药物，园内所有鸡均接种鸡传染性法氏囊病、新城疫、鸡马立克氏病疫苗。葡萄防治病虫害时选择低毒、高效、低残留农药交叉使用。

6. 补充喂养

为保证鸡的健康成长，30日龄前喂全价料，30日龄后逐步转换为喂食玉米粒，人为地促使它们在葡萄园中寻找食物，以增加鸡的活动量，采食更多的有机物和营养物。冬春季节由于草、虫、蚯蚓较少，可在葡萄园内种植青菜进行轮牧，或利用附近的菜园种植青菜来投喂，并喂食玉米，这样做既可提高鸡的肉质，又可达到省料、降低成本的目的。

五、大棚葡萄园立体循环养殖草鹅技术

（一）葡萄园的选择

选择葡萄树栽培2年以上，根系发达、植株健壮，葡萄架离地高度1.8m以上，排灌系统通畅，葡萄行间距在4m以上的规模连栋大棚葡萄园。9月中旬对葡萄园内土地进行浅耕，施基

肥，以葡萄根为中心 50cm 内不深耕翻。

（二）冬春牧草的种植与管理

冬春牧草品种选择和种植，以多花黑麦草为主，辅以少量的青菜或小白菜等叶菜类。9 月下旬，多花黑麦草以 2.5～3.0kg/亩的播种量进行撒播。多花黑麦草以及部分叶菜类播种后，利用葡萄园的滴灌系统进行渗灌，促进草种的快速出苗。

（三）鹅苗的选择与炼苗

选择食草性强，耐粗饲，生长速度适中的江山草鹅品种。鹅苗饲养量以 10～15 只/亩为宜。按照防疫程序给鹅苗接种小鹅瘟等疫苗，将青菜等叶菜类饲草切丝喂鹅苗，随日龄增加，切丝逐渐增宽直至整片叶子，再逐渐添加黑麦草等常规饲草，锻炼鹅苗胃对饲草的消化能力，同时在棚舍周围小范围散放，让其适应葡萄园的环境。

（四）葡萄园轮牧管理

将葡萄园均分为 4 个牧区，利用 50～80cm 高的尼龙网进行分隔。12 月上旬开始放牧，让鹅采食牧草叶，保留 2/3 的下部茎，每 6～7d 轮换一个牧区，保证每个小区 20d 左右的恢复期。放养过程中，切忌大群鹅长时间集中在同一地点践踏、栖息，易导致牧草死根，应在鹅群放养 3h 左右后进行转移。每天鹅群早上出棚前和晚上归棚后各补饲 1 次粗粉的玉米、稻谷，补饲量雏鹅 30g 左右，成鹅 100g 左右，重点是根据鹅群生长情况，及时补充微量元素和多维，增强体质，预防疫病。

牧草恢复期管理：轮牧结束的小区须用耧耙将草茎进行梳理，将压倒在泥里的拔出，将散落的鹅粪便匀进土里，实现轻微破土，增加土壤孔隙，利于粪便分解、牧草再生和葡萄树营养吸收。

（五）夏秋牧草的选择和种植

选择籽粒苋等牧草为主要种植品种，从 3 月持续至 5 月每月以 0.5～1kg/亩播种 1 次，并利用滴灌进行渗灌，促进种子发芽，确保 6 月开始接替多花黑麦草供应饲草。

（六）新老草鹅的更替

从 3 月牧草播种开始，鹅轮牧时间缩短为 5d，减少践踏时间，促进牧草生长，老鹅在 5 月下旬出栏。草鹅苗在 4 月中下旬引进，进行 1 个月的炼苗，5 月下旬开始放牧，此时草鹅苗采食量小，轮牧时间为 5d，利于夏秋牧草的生长。在雏鹅采食量上升后，再恢复至 7d。老鹅出栏后，小鹅放牧前，需将老鹅的鹅舍以及用具进行消毒、晾晒。秋季新老草鹅进出栏程序与上述相同，老鹅在 9 月下旬出栏，雏鹅 9 月上旬引进育苗。

（七）土壤管理

11 月上旬在各小区轮牧结束后，用小型耙机对土壤表层进行松土，增强土壤通透性，改良土壤质量，保证生产的顺利进行。

（八）效益分析

第一，每亩地养殖 30 只鹅（1 年 2 批，每批 15 只），种苗饲养成本约 50 元/只，5kg 的鹅市场价在 150 元左右，每亩增收 3 000 元以上；第二，轮牧养鹅给葡萄园遍施有机肥，减少基肥的投入，每亩节约 200 元；第三，葡萄园放牧养鹅控制了园内杂草的生长，减少了虫草害，每亩减少人工和农药费用约 200 元；第四，科学种草使葡萄园的小气候得到有效控制，生态效益明显。

六、葡萄园套种双胞蘑菇技术

（一）葡萄种植

1. 搭棚架

南方高温多雨，在避雨大棚内种植葡萄效果更佳。避雨大棚规格为 4. 5m×28m×8m（高×长×宽）拱形钢架塑料薄膜连栋大棚。在避雨大棚内搭建水平铁丝棚架（平棚），棚架高 1. 8m，水平铁丝棚架的铁丝之间间隙 30cm×30cm（长×宽）。

2. 种植

选择排灌方便、光照充足、pH 值在 6. 0～7. 5 的平地做栽培地，栽培葡萄（品种为夏黑），双胞蘑菇。在栽培地上挖葡萄种植槽，葡萄种植槽规格为 25m×0. 5m×0. 6m（长×宽×深），在槽底和侧面铺上 1. 5mm×1. 8m×26. 5m（厚×宽×长）的塑料薄膜，回填泥土。

3. 肥水管理

夏黑幼树种植前，在种植槽内根据夏黑株行距 2m×8m 规格确定种植穴，每穴施腐熟的 5kg 油菜秸秆、1kg 钙镁磷肥、1kg 石灰和 2kg 菜籽麸作基肥，每穴种植夏黑幼树 1 株，淋定根水 4～5L/株。进行水肥一体化滴灌管理，在 3—8 月，每 3～5d 采用滴灌灌水 1 次，每次滴水 1h，每穴滴水 5L，每两周灌大量元素水溶性复合肥和花生麸浸出液组成的营养液 1 次。

4. 枝蔓管理

夏黑幼树生长期单臂整形，副梢与主蔓垂直，水平铁丝棚架高度（1. 8m）以下的主蔓不留侧蔓，1. 8m 以上的主蔓两侧每 20～25cm 留 1 个副梢。

5. 病虫害防治

每年葡萄冬季落叶修剪后至芽萌动前，用 2～3 波美度石硫合剂进行全园喷洒；开花前用嘧霉胺 1 000 倍液+苏云金杆菌 1 000 倍液全园喷 1 次，防治灰霉病和斜纹夜蛾；开花后至果实套袋前，用 30%的戊唑醇 2 500 倍液+苏云金杆菌 1 000 倍液全园喷 1 次，防治白粉病和斜纹夜蛾；果实着色前，用 70%的甲基托布津 800 倍液全园喷 1 次，防治炭疽病和白腐病；摘果后用 12. 5%的烯唑醇 3 000 倍液全园喷 1 次，防治白粉病。

（二）套种双胞蘑菇

1. 培养料准备

按照200m^2的栽培面积计算备料：干稻草5 000kg，干牛粪3 250kg，石膏粉300kg，石灰粉150kg，过磷酸钙75kg，麦麸200kg，尿素100kg。

2. 堆制

先用1%的石灰水将干稻草预湿，底层铺30cm厚预湿后的稻草，然后交替铺上干牛粪（3～5cm）、混合料（由石膏粉300kg、石灰粉150kg、过磷酸钙75kg、麦麸200kg、尿素100kg拌匀而成）和预湿后的稻草（25cm），逐层增加，顶层最多，堆成龟背形。从堆第三层开始均匀加水，水分掌握在堆好后有少量水渗出为准。料堆好后盖上塑料膜，白天晴天把膜掀开。料堆好后温度升至65℃保持4d，第一次翻堆后6d后第二次翻堆，16d后第三次翻堆。

3. 进料

进料前在葡萄架下空地上挖25m×1m×0.25m（长×宽×深）的蘑菇种植槽，行间距为0.6m，用虫螨净1 000倍液+5%甲醛溶液对料堆和种植场地进行消毒，然后将培养料抖松均匀铺在蘑菇种植槽内，培养料厚度为20cm。

4. 播种

待堆沤好的培养料氨气挥发后播种，每平方米用菌种1.5袋（0.4kg/袋），将菌种捏碎均匀撒在表面，轻拍料面。选用水田或水塘底泥用甲醛溶液消毒后进行覆土，土层厚度为3～4cm。

5. 菇棚温度调控

覆土后先喷1次1%的石灰水，再插上竹拱，盖上黑膜，以后喷水时把黑膜掀开即可。阴雨天气注意封棚保温，采菇时可掀开小拱棚黑膜。晴天棚温达23℃时，把大棚南北两侧及顶部的塑料膜收起1~1.5m，小拱棚两头揭膜通风；小拱棚内温度达到23℃以上时，小拱棚内一侧面用棍子把黑膜顶起通风，将温度控制在15~23℃。

6. 菇棚水分管理

棚温低于10℃，可少喷或不喷，每2~3d喷水1次；晴天时宜多喷，每天1~2次。当床面没有菇时停止喷水。

7. 出菇

当子实体长到标准规定大小（2.5~4.5cm）未形成薄菇时及时采摘。

第五节 草莓园立体种养模式与实用技术

一、大棚草莓田套夹种

用丰香或明宝草莓在9月上旬栽植结束。10月底至11月初寒流来前覆盖大棚薄膜，冬季外加草帘，内盖地膜加小棚，其他管理和大棚草莓相同。11月20日育番茄、菜椒苗，翌年4月20日前苗售完。3月5日套种黄瓜，7月中旬采收结束；4月5日套种丝瓜，利用大棚作丝瓜支架，丝瓜9月采收结束；丝瓜棚下套种小青菜。9月中旬种植草莓，套种蔬菜。蔬菜11月采收结束。安排翌年套夹种。

二、露地草莓田套夹种

10月中旬移栽草莓，同期套种黄瓜、番茄、茄子和菜椒。4月23日套种丝瓜，9月底采收结束。10月种草莓，套夹种蔬菜，安排翌年套夹种。

三、水稻田套夹种

水稻收割后，立刻施肥整地，播种菠菜、茼蒿等蔬菜，后种植草莓，或先移植草莓，再套栽小园菜（10月底前栽好），加强管理。蔬菜春节前售完，再加强草莓管理，越冬期草莓在蔬菜中冻害轻，长势旺，套种不影响草莓生长。5月草莓采摘后，把30~40担（1担=50kg）草莓棵埋入土中作基肥，栽插水稻。水稻收割后，继续种草莓，套种蔬菜。

草莓棵作基肥，水稻前期长势旺，中期稳长，后期秆青籽黄，活熟到老。用草莓棵作基肥的，每亩可少施10~15担优质猪粪和2.5~3kg长粗肥（尿素）和部分穗肥，产量比施猪粪增一成以上。

四、草莓育苗田套夹种

水稻收割后，施肥整地，播种菠菜或茼蒿，然后栽植草莓（每亩8 000株左右），或先栽植草莓后种植小菜园（要求在10月栽好），加强田间管理和肥水管理，春节前收完蔬菜，然后和大田草莓一样管理。5月草莓采收后，间2株留1株作为母株，先套种两季小青菜，8月上旬小青菜收完。秋番茄在7月上旬用苗床撒播或用营养钵育苗，搭棚遮阴，加强管理，小青菜收完后，番茄苗带肥土移栽草莓田，栽在垄沟两边，离沟16cm，株距33cm，亩栽1 000株。10月销售草莓苗后，施肥整地，栽植草莓，套种蔬菜。秋番茄11月中旬采收结束。育苗田也可套种玉米、芝麻等其他作物。

五、幼龄果木园套夹种

利用葡萄、柑橘、青梅、桃等幼龄果木及新栽桑园等未封行前，在其行间作套栽4~6行草莓，10月底套栽结束。以后和大田草莓一样管理，5月采果出售。

另外还有麦田套种草莓，利用草莓匍伏地面、耐阴湿的特点也较成功。

为了防止土壤连作后病害蔓延，要用福尔马林进行土壤消毒。方法是每亩用福尔马林药液 1kg，在夏季翻地后，加水泼浇，边浇边把泥土捣碎，再用地膜覆盖 3d，提高药剂的灭菌效果。

第六节　枣园立体种养模式与实用技术

一、枣园套种花生

（一）套种播种前期

在实行枣园套种花生的前期，需灌溉土壤，利用浇灌的方式保证土壤处于湿润的状态中，俗称“春灌”。在春灌期间需要注意，一定要将土壤全面浸透，保证水资源的存储，同时，在灌溉的过程中需要保证湿润土层厚度在 30cm 以上。

（二）种植地点的选择

选择种植点前需要测试土壤的酸碱性，其中土壤的酸碱性需要保持 pH 值在 7.3 以上，处于弱碱性范围内，土壤的含盐量需要控制在 2.5‰以下，这样的土壤适合种植花生。一般情况下，树龄应该控制在 8 年以内，同时，枣树的栽培需要保证土壤的透气性较好、排水畅通、土质松软，不仅适合枣树生长，而且适合种植花生。正常种植前，都会在秋季进行深开沟施基肥，施肥量根据树龄、树势、土层营养状况等确定，在农家肥的基础上还需要施加一定的化学肥料，将土壤进行灌溉，清理土壤中的各种残渣。

（三）套种播种技术

1. 种子的选择

阿克苏地区的环境以及气候等非常特殊，花生种植前需充分了解当地无霜期、有效积温等气候信息，花生在当地的生长期可持续 135～145d，一般 4 月上中旬播种。花生的种子选择，一般会选择色泽红润、粒色纯正、形状整齐的粒种用于栽培。

2. 种子的处理

选择良种之后需要做适当处理，播种前晾晒种子，将花生种子平铺在地势平坦、阳光充足的地面上，频繁翻动，保证花生种子能够得到充分的晾晒。晾晒之后需要对花生做剥壳处理，剥壳时间不宜太早，剥壳后需要选择种子，选取一些饱满并且颗粒较大的作为播种种子。播种前可用戊唑醇或多菌灵拌种，主要是为了更好地防止病虫害以及腐烂等现象发生，但在进行拌种的过程中需要注意，不可破坏花生的种仁皮。

二、枣园套种甜脆玉米技术

（一）品种选择

一般选用后期籽粒灌浆成熟快、抗病性强、品质好的高产早熟品种。在气温偏低、雨量偏少的地方，可种植生育期较短、耐旱的早熟或极早熟品种；在气温高、水分条件较好的地方，可选择产量高、品质好的中晚熟品种。如甜脆玉米小蜜蜂168号、超甜100、花超2号等早熟玉米等。

（二）清洁小枣园

在甜脆玉米播种前一周，每亩用克无踪或百草枯对水喷雾金丝小枣园株行距中间墒面和垄沟（喷药时注意不要喷在金丝小枣树干和根茎上）清除杂草或用人工办法清除杂草，有劳动力的最好是人工清除杂草。由于老城乡7—8月降雨与往年相比较好，进行晚秋套种甜脆玉米的田块，一定要先清理好四周排水沟。

（三）适期播种

适时早播有利于甜脆玉米生长，提高产量及品质，但必须结合金丝小枣的采收，宜在田间果树株行距中田间套种晚秋冬甜脆玉米的时间需根据金丝小枣成熟采收的情况来确定，在不影响金丝小枣生产的前提下尽量早播，尽量避开后期低温，保证灌浆、成熟。一般在8月下旬到9月上中旬为宜。当金丝小枣果实采摘完左右可播种甜脆玉米。甜脆玉米出苗时，小枣已采摘完；甜脆玉米小喇叭口时，金丝小枣已采摘收完，甜脆玉米生长在金丝小枣树之下株行距中间的共生时间以15~20d为宜，播种过早，共生期太长而造成玉米苗长时间缺肥成为弱苗；播种过晚，后期扬花期水分不足，从而影响甜脆玉米产量。

（四）合理密植

金丝小枣园套种甜脆玉米株行距以金丝小枣行距面宽为主，一行种两行玉米，玉米大行距80cm，小行距40cm，株距25~30cm，每穴播2粒种子，单株留苗，每亩3 700~4 100株/亩。或每行金丝小枣树园株行距墒面播种2行，在金丝小枣树株行距中间墒面顶部双行套种，用小锄头挖塘点播，玉米行距1.2m、塘距30cm，每穴播种2粒，每亩用种约2kg，每塘留苗2株，每亩3 500~3 700株。种植密度由玉米品种和植株类型而定，紧凑型早熟玉米密度可大些，平展型中熟玉米密度则小些。

（五）套种方式

在金丝小枣树行距中间墒面两侧用小锄头挖小浅塘各播种一行，平坝地为防止水淹甜脆玉米苗，播种塘可在金丝小枣树株行距墒面中间；低洼地可以将甜脆玉米播种在金丝小枣树株行距墒面中间上部，山地播种塘距金丝小枣树株行距中间墒面上，两侧沟深10cm左右；每塘点播2粒种子，然后盖土3~5cm，不施底肥。

（六）田间管理

一是及时间苗、定苗。在甜脆玉米3~4叶期及时间苗、定苗，每穴留健壮苗1株；二是及时中耕、追肥。金丝小枣采摘结束后，及时修剪枝条、杂草，进行中耕、培土、追肥，促进生长发育。追施2次苗肥和1次穗肥，第1次苗肥亩施尿素5~

8kg，第 2 次苗肥亩施尿素 10～15kg，穗肥亩施尿素 15～20kg；三是病虫鼠害防治。应加强甜脆玉米大斑病、小斑病、灰斑病、地老虎、金龟子、甜脆玉米螟、黏虫、蚜虫及鼠害防治。

第七节　柑橘园立体种养模式与实用技术

一、韭菜与柑橘间作场地准备与品种选择

（一）场地准备

苗床宽以 4m 为宜，南北走向为好。步道宽 40cm 为宜，床面高于步道 25～30cm。若受场地情况限制，也可东西走向。柑橘定植前结合深翻施入有机肥作基肥，翻土深达 20～30cm，每亩施用有机肥 3 000～4 000kg。定植柑橘行距为 250cm，株距为 300cm，每床种两行，品字形栽种。两行柑橘苗中间种韭菜，韭菜畦宽为 150cm，两边距柑橘苗各 50cm。种植前严格清除杂草，注意消灭地下害虫，场地清理要到位。虽然一次投入人工、农药和肥料等费用较高，但后期管理方便，反而节约成本。

（二）品种选择

韭菜品种可选择平丰 8 号、平杂 1 号、嘉兴白根、马蔺韭等，柑橘选用抗病性、抗逆性较强的品种，如早熟兴津、龟井、特早熟宫本等。

二、柑橘栽培技术

（一）定植

柑橘苗采用穴植，种植穴的大小应根据苗木大小定。种植穴宽度为苗根茎粗 8～10 倍，穴深为穴宽度的 1/2～2/3。当苗较大穴较深时，应当在穴底再施入有机肥，每穴施用 20kg 左右。如果苗较好，穴深度未超过深翻深度，不需要再增加肥料。栽

苗时要注意深度，以嫁接结合部在土壤下沉后露出地面为宜，根茎基部土面高于床面 10cm 为宜，以免雨后下陷过深导致种植穴内积水。

（二）施肥

幼龄柑橘树以培养健壮根系，培育丰产树冠为重点。除栽植前施足基肥外，还应当“勤施薄肥”，施好“一梢二肥”，即萌芽前施速效肥 1 次，顶芽自剪到新叶转绿时再施速效肥 1 次。成株萌芽肥在春梢萌芽前 15～20d 施入，占全年施肥量的 20%。谢花肥在花谢 2/3 时施入，占施肥量的 15%。攻梢肥（秋肥）以速效氮肥为主，磷、钾肥配合，是全年最多的一次施肥，占全年施肥量的 50%～60%，如遇秋旱施肥后应及时浇水或施水肥，促进肥料吸收。促花肥（冬肥）在采果前后施入，占全年施肥量的 15%。施肥方法为沿柑橘树冠投影圈开环状沟进行沟施，也可撒施或淋施。

（三）整形修剪

幼树通过拉线整形，把枝条向外拉开，形成向外开展树冠，拉线时应使枝条分布均匀合理。采用抹芽控梢的方法使枝梢萌发整齐，生长一致，利于管理和病虫害防治。具体方法是春梢萌发较一致时，可由其自由抽生；夏、秋梢萌发不一致时，通过抹芽使其新芽萌发一致。抹芽即萌发早的新芽长至 2～3cm 时，将其从基部抹去，多次抹芽后，全园大多数植株均有大量枝梢萌发新芽时，即可停止抹芽，让其抽吐“放梢”。幼年树现蕾开花，消耗养分，影响生长，应及早摘除。

（四）柑橘病虫害防治

1. 主要病害防治

病害防治主要方法为培育和选择无病植株；实行检疫制度，新柑橘园应建在距离老柑橘园 2km 以外位置；及早挖除病株，消灭传病媒介木虱；加强肥水管理。

2. 主要虫害防治

防治方法为加强农业防治和生物防治；药剂防治可用药物有三环锡（新梢忌用）、炔螨特、水胺硫磷、洗衣粉、松脂合剂等，药物交替使用效果较佳。锈蜘蛛（锈壁虱）主要采用药剂防治，可使用的药剂有石硫合剂、胶体硫、杀虫双等。潜叶蛾防治方法为加强肥水管理和抹芽控梢，并注意在潜叶蛾发生低峰期放梢，发生后可进行药物防治，可使用药物有氰戊菊酯、水胺硫磷、甲萘威、杀虫双、亚胺硫磷等。卷叶蛾幼虫主要采用药物防治，常用药物有美曲膦酯、马拉硫磷、菊酯类、敌敌畏等。天牛防治方法为捕杀成虫、刮除树干上的卵块（产卵处湿润有胶汁流出）、药液注入蛀虫孔熏杀、钩杀幼虫、剪除虫害枝。蚜虫可采用喷药防治。使用药物有乐果、氰戊菊酯、水胺硫磷、敌敌畏、吡虫啉等。木虱采用药物防治，药物有菊酯类、乐果、甲萘威等。吹绵介壳虫（白枯蝇）防治方法为人工捕杀、利用天敌瓢虫捕杀，喷药防治可用松脂合剂、马拉硫磷等药剂。

第八节　樱桃园立体种养模式与实用技术

利用幼龄楼桃园树矮冠小时期，春季间作西瓜，后茬接种黑豆生产，每亩年均增收 5 000 元。再利用 11 月至翌年 2 月落叶期套种雪里蕻、乌菜、蔓菜、豌豆苗、芫荽等，既可增加收入，又可抑制杂草生长，降低病虫害，改善果园生态条件。经过 2 年生长后，樱桃树冠基本长成，春季不再适宜套作西瓜。樱桃果实成熟期早，采果后进行修剪疏冠，改善下层透光条件，樱桃林中可继续间作黑豆，随着树冠的扩大慢慢减少间作量。秋冬季落叶后雪里蕻等冬季露地栽培蔬菜可年年种植。

一、场地准备与品种选择

（一）场地准备

樱桃定植行株距为3m×2.5m，地势高的、排水良好的果园每畦种2行，畦宽为3.5m。地势相对较低处，为方便排水，每畦种1行，畦宽2m。樱桃不耐积水，地势特低，排水不便处不宜种植。

（二）品种选择

1. 樱桃品种

我国栽培的樱桃有中国樱桃、甜樱桃、酸樱桃和毛樱桃。中国樱桃常见品种有莱阳矮樱桃、郑州红樱桃、大窝娄叶樱桃、黑珍珠。甜樱桃品种有大紫、红灯、雷尼、宾库等。

2. 西瓜品种

江浙一带适宜栽培的品种有8424、抗病948、8714. 庆红宝、京欣及浙蜜系列等。

3. 黑豆品种

黑豆选用直立型矮种小黑豆，该品种适合夏季播种，10月中下旬收获。

二、樱桃栽培管理技术

（一）定植

栽植密度因品种、砧木、土壤条件而不同。一般采用自然丛状形或自然开心形整形，按（2~3）m×(3~4)m株行距栽植。樱桃春季萌芽开花早，以秋季落叶后栽植为宜，春季应在苗木发芽前种植。

（二）土肥水管理

樱桃树一年应施肥3~4次。

1. 萌芽开花前施肥

追施速效性氮肥为主，每株施禽畜粪水 15～20kg，或尿素 0.5kg。

2. 果实速长期施肥

在谢花后，进入果实发育，对结果大树应追施速效性化肥 1 次，并配合施适量的磷钾肥料。

3. 采果后施肥

主要是恢复树势，促进花芽分化，提高来年产量。在采果后即施入厩肥、禽畜粪尿，并加入适量化肥。每株根据结果多少施禽畜粪水 30～60kg。

4. 施好基肥

落叶前施好基肥，以复壮树势，增加植株体内贮藏养分含量。由于樱桃从开花到果实成熟仅需 40d，贮藏养分的多少在较大程度上影响着果实的大小和品质。因此基肥的施用非常重要，需占全年施肥量的 50%～70%。应以有机肥为主，如堆肥、圈肥、鸡粪、腐熟豆饼等，并应适量加入过磷酸钙或钙镁磷肥等。除土壤施肥外，在初花期至盛花期相隔 10d 连续喷两次 0.5%尿素或 600 倍磷酸二氢钾液、0.3%硼砂液，有助于提高坐果率。

（三）整形修剪

1. 整形

自然丛状形是中国樱桃的常用树形。一般主枝 5～6 个，向四周开张延伸生长，每个主枝上有 3～4 个侧枝。结果枝着生在主、侧枝上。主枝衰老后，利于萌蘖更新。此树形的角度较开张，成形快，结果早，但树冠内部易郁闭。自然开心形多用于甜樱桃。干高 30～40cm，全树有 3 个主枝，分枝角度为 30°。最初保留中心干，待栽植 4～5 年后，除去中心干为开心形。这种树形，整形容易，修剪量小，树冠开张，通风透光良好，结果早，产量高，果实质量也较好。

2. 修剪

（1）幼树修剪。为了促使幼树早结果，在整形的基础上，对各类枝条的修剪程度要轻，以生长期的摘心为主。以控制枝梢旺长，增加分枝，加速扩大树冠。冬季修剪时间应推迟到萌芽前，以避免剪口失水干枯。除结果枝、延长枝短截和适当间疏一些过密、交叉枝外，其余中、小枝要尽量保留。

（2）结果树的修剪。常在采果后进行夏季修剪。采用疏剪去除过密过强、扰乱树冠的多年生大枝，进行树冠结构调整，促进花芽分化。在疏除大枝时，注意伤口要小、要平，以利尽快愈合。疏除一年生枝时，可先在其基部腋花芽以上剪截，待结果光秃后，再疏除。冬季修剪时，应注意对骨干枝先端和短果枝的2~3年生枝条进行适当回缩，以刺激营养生长和新果枝的不断形成，防止结果部位外移或树冠内光秃。

（3）衰老树的修剪。主要任务是及时更新复壮，利用生长势强的徒长枝来形成新的树冠。对骨干枝早衰而无结果能力的，要及时回缩。为了回缩时有枝更新，回缩处最好有生长较正常的小分枝，这对树体损伤较小。回缩修剪后发出的徒长枝，选择方向、位置、长势适当、向外开展的枝来培养新主枝、侧枝。过多的疏除，余者短截，促发分枝，然后缓放，使其形成结果枝组。大枝更新时，也应在采果后进行，以免引起伤口流胶。

（四）花果管理

1. 花期授粉

中国樱桃自花结实率很高，不需配备授粉树。

甜樱桃多数品种自花结实率很低，需要异花授粉才能正常结果，在建园时必须配置适宜的授粉树，同时花期还要辅助授粉，以提高坐果率。辅助授粉的方法有果园放蜂和人工授粉两种。此外，在盛花期前后喷施2次0.3%尿素、0.3%硼砂或磷酸二氢钾溶液，对提高坐果率也有明显的效果。

2. 疏花疏果

结合花前和花期复剪疏去树冠内膛细弱枝上及多年生花束状结果枝上的弱质花、畸形花，以改善保留花的营养条件，有利于坐果和果实发育。在疏花的基础上进行疏果，疏去小果、畸形果和下垂果。

三、西瓜栽培技术

西瓜栽培技术因品种和上市时间而异，樱桃园前期套作西瓜，接茬作物为黑豆，为保证黑豆生长期，套作西瓜以早熟品种 7 月上市为宜。西瓜栽培忌连作，种植樱桃的场地前期刚种过西瓜的话则不能再间作西瓜。

（一）整地施肥

冬前深耕 30cm 左右，使土壤充分风化、疏松，翌年早春将土耕细耙平。定植前 15～20d，在瓜田按行距挖宽 40cm、深 50cm 的瓜沟，注意上层 20cm 厚的表土分开放置。种植西瓜应一次施足基肥，以有机肥为主，每亩施厩肥 2 000～3 000kg、豆饼肥 100kg、过磷酸钙 30～40kg，所有肥料一次性结合整地挖沟施入瓜沟中，要求土肥混合均匀，表层 10cm 厚土中不施肥，以免烧伤瓜苗。以瓜沟为中心线，幼苗定植前 5～7d 在畦面上铺宽为 1m 的地膜，铺膜要求接紧、铺平、膜地紧贴、膜边膜口压紧封严，并在膜面每隔 1～2m 压一道镇膜泥，以防刮风时膜面震动而松动。

（二）播种定植

早春地膜覆盖西瓜栽培可采用大田直播和育苗移栽两种方法。大田直播西瓜根系发达，入土深，抗旱能力强，但生育期较晚，出苗不整齐，管理困难；育苗移栽可提前播种，保证全苗，提高品质。因此生产上以温室穴盘播种为主。穴盘苗经过低温锻炼，具有2~4片真叶便可移植，移植前穴盘浇一次透水，以免起苗时伤到根系。定植时在幼苗栽植部位划一个“十”字形开口，种植好后用土封住膜口。

（三）田间管理

1. 中耕除草

除地膜覆盖的地面外，其余裸露的地面一般要进行2~3次中耕除草。中耕除草应在晴天进行，中耕除草的原则是由近到远，由浅到深，以不伤根为度。

要重视地膜的保护和管理工作。地膜覆盖后，由于日晒、雨淋、风吹、田间作业等原因，会遭到不同程度的破坏，出现裂口、松动、膜面不平和污染等现象。因此，要加强田间检查，踏实松动的地膜；应注意保护好膜面，发现膜面有破损时及时用旧膜补盖封严；应经常注意膜面清洁，扫除污土，以改善膜面透光性，发挥其最大的增温效应；发现膜面不平或定植口下陷时，要及时设法填平、封高，防止下雨时积水伤苗、伤蔓和后期烂瓜。进入西瓜生长期后，地膜的效果已经不大，而膜下杂草又大量丛生，为防止杂草，可在膜面压上一层湿土遮光，以抵制杂草生长。

2. 整枝

西瓜整枝方式很多，常见有的单蔓整枝、双蔓整枝、三蔓整枝和不整枝的放任生长。单蔓整枝是在主蔓长约50cm时，保留主蔓，摘除所有侧蔓，每株只留1个瓜，该方式主要用于小果型品种和早熟密植栽培。双蔓整枝除保留主蔓外，在主蔓的基部选留1个健壮侧蔓，坐果节位前所有的侧蔓全部摘除，主、侧蔓平行向前生长。一般主蔓留瓜，若主蔓留不住瓜，也可在侧蔓上选留。该方式叶量和雌花数较多，普遍适用。三蔓整枝除保留主蔓外，在主蔓基部选留2个生长基本一致的侧蔓，在主蔓坐果节位前摘除所有侧蔓。此法单株叶面积大，果形较大，坐果机会多，是露地西瓜栽培中晚熟品种常用的整枝方式。此外，无论哪种整枝方式，都要避免西瓜蔓攀爬到樱桃苗上，否则影响苗木生长。

3. 压蔓

压蔓目的是使瓜蔓在畦面上均匀分布，改善植株通风透光条件，增强光合效能，防止大风损伤藤叶，调节营养生长与生殖生长关系，促进不定根发生，增强根系的吸收能力。西瓜压蔓方法分明压和暗压 2 种。明压通常用压土块或加树枝或塑料夹的办法，将瓜蔓压在畦面上，一般每隔 20~30cm 压 1 次。该法对植株生长的影响较小，适用于早熟、生长势较弱的品种。暗压是将一定长度的瓜蔓全部压入土中，一般先用瓜铲开深 8~10cm 的小沟，将瓜蔓理顺、拉直、埋入沟内，只露出叶片和生长点，覆土拍实即可。该法可有效地控制植株生长，对生长势旺盛、易徒长的品种效果良好。

4. 灌溉

西瓜是比较耐旱且需要水分较多的作物。北方地区，西瓜整个生长季节雨量较少，应加强灌溉。而江浙地区西瓜栽培处于高温多雨季节，应以排水为主。尤其是梅雨季节，是果实膨大期，要以排水为主。江浙一带春季雨水较多，5 月中下旬出现高温、干旱天气，应当适当浇水以增加土壤湿度及近地表的空气湿度。7 月上旬伏旱期西瓜进入采收期，此时也应注意浇水。浇水方法以沟灌为主，水量不漫过畦面。

5. 留瓜护瓜

留瓜节位过高或过低，都会影响西瓜的产量和品质。因此，必须根据不同的品种、栽培方式、整枝方法等确定适宜的留瓜节位。西瓜最理想的坐果节位是主蔓的 15~20 节、第二或第三雌花、距根部 80~100cm 处，侧蔓的 10~15 节、第一或第二雌花，能否在此范围内坐果，取决于坐果期的气候条件和当时植株的生长状况。为保险起见，主蔓选留瓜时，最好在侧蔓上再选留一花期相近的雌花作预备瓜，如主蔓瓜未坐住，就以侧蔓瓜代替。幼瓜长到鸡蛋大时，一般不再化瓜，可选留定瓜。定瓜时应选择子房肥大、瓜形正常呈椭圆形、瓜柄中等而弯曲、皮色鲜艳发亮的幼瓜，摘除留瓜部位较近或果形不正、带病果或受伤的幼果，以保证正常部位、正常果实的发育膨大。

当幼瓜坐稳后，为了促进西瓜正常发育，需进行顺瓜、荫瓜、垫瓜、翻瓜和竖瓜。顺瓜是在果实长到核桃大时，将瓜下面做成斜坡高台，然后将幼瓜顺斜坡理顺摆好，使之能顺利发育膨大。夏季高温，容易引起果皮老化、果肉恶化和雨后裂瓜，要进行荫瓜，一般用坐果节位的侧蔓盘于瓜顶上，也可以用麦秸、草等覆盖在西瓜上防晒护瓜。为保证果实发育圆整，防止污染及雨水浸泡，减轻病虫为害，要在果实下面垫上草圈或麦秆，俗称垫瓜，江浙一带春季和梅雨季节尤其应注意。为保持商品瓜的色泽均匀，瓜瓤成熟均匀，提高西瓜品质，在采收前10~15d 要进行翻瓜。一般每隔 2~3d 翻 1 次，每次翻转 90°左右，并顺一个方向翻转，一般翻瓜 3~4 次，瓜面色泽即可均匀。翻瓜应在傍晚进行，清晨、雨后及浇水后不宜翻瓜，以避免折断果柄而落果。若遇阴天，还应增加翻瓜次数。采收前 4~5d，当果实八成熟以上时，把瓜竖起来，使果实发育更趋圆整，色泽良好。

（四）病虫害防治

目前为害西瓜比较严重的是猝倒病、蔓割病和白粉病。西瓜猝倒病是苗期主要病害。在土壤温度低、湿度大时发病重。防治时可采用种子消毒、土壤消毒等办法，幼苗出土后采用铜铵合剂喷洒病苗。久雨初晴或时雨时晴时易发生西瓜蔓割病，土质黏重时也易发病，发病初期用 70%甲基硫菌灵可湿性粉剂 500~1 000 倍液灌根，具有一定的防治效果。防治白粉病主要是通风降湿，及时修剪掉过多的枝叶和老叶、病叶，发病初期可用15%三唑酮可湿性粉剂1 000倍液喷雾，稍重时用25%三唑酮可湿性粉剂1 000倍液或2%农抗120水剂150倍液、50%硫黄悬浮剂300倍液喷雾。不同药剂可交替使用，7~10d 1次，连喷3~4次即可见效，采收前10d停止用药。

四、黑豆栽培技术

（一）播种

小黑豆生长期短，适播期长，可春播、夏播，一般4月中旬至7月中旬前均可播种。樱桃苗间作时春种西瓜，等西瓜收获时正好播种黑豆，假若由于天气影响西瓜收获期偏迟，可室内播种后再移植。套作时每亩播种量为1kg左右。采用条播，播深3~4cm，株距45~60cm，每条樱桃畦面上种四行，中间2行，左右各1行。

（二）田间管理

小黑豆播种后及时打封闭，喷洒乙草胺或甲草胺除草剂，每亩150~200mL，对水50~60kg。第二片复叶展开后一次性间苗、定苗。从间苗到收获期定期中耕除草，一般中耕3次为宜。在结荚期，喷施0.3%磷酸二氢钾，促花增粒。小黑豆结荚、鼓粒期如遇干旱应浇水1次，结合浇水每亩施5kg尿素，利于粒多粒大。

（三）病虫害防治

小黑豆抗旱、抗病、耐盐碱、耐瘠薄、生长期短、种地养地，栽培期间病虫害为害较少，主要病害有花叶病毒病和霜霉病，花叶病毒病可用40%烯烃·吗啉胍可湿性粉剂1 000倍液喷雾，霜霉病则用40%乙膦铝可湿性粉剂1 000倍液或72%霜脲·锰锌可湿性粉剂800倍液喷雾。常见虫害有蚜虫、豆荚螟和豆天蛾，蚜虫每亩用10%吡虫啉可湿性粉剂30g对水30kg喷施。豆荚螟用2.5%溴氰菊酯乳油1 500~2 000倍液喷雾。豆天蛾幼虫期用高效氯氰菊酯1 000倍液喷雾，也可人工捕捉。

第九节　山核桃园立体种养模式与实用技术

黄花菜又名金针菜、忘忧草、萱草、健脑菜等，属百合科萱草属多年生宿根草本植物，以花蕾食用，是一种营养十分丰富的蔬菜，含有人体需要的蛋白质、维生素、多糖、钙、铁、磷等多种营养成分，而且黄花菜在采摘期内不施农药，是很受人们欢迎的绿色健康食品，具有健脑通乳、利尿、美容、补肾养血、防癌、降压等作用，更是一种不可多得的保健食品。山核桃园内套种黄花菜，不但能增加经济收入，同时还能覆盖土壤，抑制杂草滋生，减少土壤流失和山核桃园人工抚育成本，降低夏季果园土温，保持土壤湿度，增加有机肥，改良土壤，有利于山核桃树生长，是较理想的经营模式。黄花菜既可与山核桃间作，也可在山核桃林下套种。

一、黄花菜栽培技术

（一）种苗与地块选择

黄花菜属无性繁殖、丛生作物，产量由每丛株数和蕾重构成。为了选取健壮的苗株，确保苗丛有足够的单株数，种苗需选用5~6年的大丛黄花菜头。移栽时，选择晴朗天气将黄花菜头挖起，再用小刀将菜头切刈成4~6片单株，而后将单株连接成一丛团排苗，最后将肉质根剪去，方可入穴栽种，以保证当年定植，当年或翌年投产，并获得高额产量。壤土、沙壤土均可种植黄花菜，pH值呈中性或微酸性、质地疏松、团粒结构好、背风向阳、排水方便的地块为宜。黄花菜根系发达，深翻土壤有利于根系的生长。因此，最好选择土层较厚、土质肥沃的山核桃园进行间作套种。

（二）黄花菜定植

黄花菜最适生长气温为15～30℃，根芽分生组织活跃，终年均可长芽。因此，除盛苗期至采摘期不宜栽植外，其余时间均可取苗栽种。但为了确保挖取壮株，促使其早日开花提高产量，取苗栽种的可选择于采摘后至冬苗前的10月，或者是冬苗排芽后的3—4月，挖头分株捆丛入栽为好。黄花菜增产靠群体效应，所以掌握好其种植密度显得至关重要，过稀过密皆不适宜。套种于山核桃园区的可采用多行排列，以每亩栽2 000丛左右为宜。栽植采取宽窄行丛植，以宽行100cm，窄行65cm，穴距50cm左右为宜。这样有利于园地的通风透气，可增强光照，防止倒伏，提高花蕾产量。

（三）肥水管理

黄花菜生育周期为1年，所以需要施足基肥。第一次套种时，需要开大穴，挖深穴，下足肥料，每穴施腐熟猪牛栏粪肥1kg，再加复合肥25g。基肥可先与穴土搅拌，并于穴内撒上一层薄土，然后把种苗栽植于薄土之上，再覆盖上表土。此后于春末夏初再施1次肥，每亩用人粪肥150kg加复合肥5kg，对水150kg，结合中耕培土浇穴。到8月上旬初花前，还得加施1次催蕾肥，标准为每亩用复合肥10kg，对水150kg浇施。黄花菜喜湿润，干旱或渍水对黄花菜植株生长和花蕾形成都十分不利，所以要保持园地湿润。新植移栽期需要维持土壤含水量70%～80%，干旱时需要浇水。因此，山地套作时必须选择靠近水源的地块。采用山坡地连片栽种的，遇到梅雨天气、畦沟积水的则需要及时排水。冬季或干旱季节需要用稻草或杂草加盖头蔸，以减少土壤水分蒸发，保护根芽安全越冬。

（四）病虫害防治

黄花菜主要会受到叶斑病、叶枯病、锈病和黄花菜蚜虫、黄花菜红蜘蛛等的为害。防治除采取综合措施外，防治病害可用等量式0.5%~0.6%波尔多液、65%或80%代森锌可湿性粉剂、50%多菌灵800~1 000倍液等进行喷雾，喷雾要做到叶面叶背均不遗漏，隔7d再喷1次。到花蕾采收完毕，需要及时割叶培土，并将割下的叶片集中烧毁，以除灭病菌。

（五）采收

黄花菜采摘期为6月下旬至8月上旬，历时40d以上，要适时采收。花蕾开放过迟，会降低干制品质量；花蕾采摘过早，不仅降低质量，而且加工后常带黑色，影响干制品的外观品质。一般品种适合在每天清晨采收，通常在开始开花前1~2h采摘完毕为宜。具体采摘时间应根据不同品种而定，适宜采摘的花蕾从外观上看个大饱满、质地松、颜色黄绿、花嘴欲裂未裂、色泽发黄、3条接缝十分明显、蜜汁显著减少，采摘时，用拇指和食指夹住花柄，从花蒂和薹梗连接处轻轻折断，边采摘边装在篓内。采后将花蕾先放在80℃的开水中浸泡10min，然后捞出晒干，用编织袋包装贮存，以待上市。

二、山核桃栽培管理技术

（一）选地整地

造林地一般选在气候温和湿润、夏季凉爽的低山丘陵，宜选择海拔100~1 000m，最低气温不低于16℃，土壤深厚肥沃、疏松，并且排水良好、容重小、盐基饱和度高，质地从沙壤至轻黏，以石灰岩、紫砂岩、灰质岩为好，pH值5.3~7.5。山核桃为阳性喜光树种，但幼苗喜阴，要注意海拔500m以下的低山丘陵，种植在阴坡、半阴坡上；海拔在500m以上的山地应选阳坡、半阳坡。同时为了防止水土流失，整地提倡块状混交，过岗山脊、岗顶以及山谷积水处不宜栽培。栽培时，首先进行劈山挖种植穴，按定植点1m×1m进行块状劈山，保留块外植被，等到套种黄花菜时再清理其他植被。定植穴规格（长×宽×深）

为 60cm×60cm×60cm。表土与底土分开堆放，开沟排水，再回填表土，施入基肥，每穴施充分腐熟的农家有机肥 10kg 加钙镁磷肥 0.5kg，然后覆底土 5~10cm。

（二）选苗、定植

选择苗龄 2~3 年、苗高大于 1.2m、根系发达、色泽正常、芽鲜活饱满、无机械损伤和无病虫害的小苗。栽苗时，要适当浅栽，树根要舒展开，苗木直立。先回填表土，用双脚踩实，再回填底土，一层一层踩实，覆土后呈馒头状，苗高超过 1.5m 的，要求在 1.2~1.5m 处截干。其造林株行距为（5~8）m×(6~8)m。由于幼树喜阴，怕强光，所以在栽植时间上，海拔 700m 以上的地区宜选在 2—3 月种植，700m 以下的宜在当年 12 月至翌年 2—3 月种植。要特别注意的是起苗后，需喷施多菌灵 800 倍液消毒，用钙镁磷肥泥浆蘸根。长途运输时，用淋湿稻草包裹、打包，运输时盖帆布，防止苗木萎蔫，到达栽植地后要及时栽植。

（三）肥分管理

施肥以 1 年 2 次为宜，第一次在 3 月中旬，采果前或采果后 7d 再施 1 次。施肥一般采取配方施肥，配方应根据林地肥力和树木情况选择。一般采用腐熟有机肥加少量钙镁磷肥、氯化钾，或者采用山核桃专用肥。施肥方法采用环沟法，在树冠投影圈即以树干为圆心 1m 处，挖 1 个深 20cm、宽 20cm 的环形沟，施后就进行覆土。间作、套种时，可结合黄花菜栽培全园施肥。

（四）人工辅助授粉

山核桃必须人工辅助授粉。根据山核桃树雄花花期短、容易收集，雌花花期长而有等待授粉的习性，采取人工授粉的方法，可以提高坐果率，增加产量。采集花粉一般在 4 月中下旬至 5 月上旬进行。首先将即将散粉的雄花采下来，摊放在纸上，于中午在太阳下暴晒 1~2h，必须经常翻动，将花序清除，留下淡黄色粉状物即为雄花粉，装入塑料袋内，袋内放有用纸包好的生石灰以防潮，置阴凉室内或冰箱冷藏室保存待用。授粉宜在雌花开放 10d 内进行，雌花处颜色变成紫红色并分泌出黏液时授粉最佳时间。当大部分雌花开放时，选择和风晴朗的天气，将花粉装入备用的授粉袋内把授粉袋固定在竹竿上，在林内走动抖动竹竿进行授粉，也可将授粉袋挂于风口处进行授粉。授粉袋制作时用 2~3 层纯布制成长 10cm、宽 5cm 的袋，内放 2 枚 1 元硬币。

（五）病虫害防治

山核桃病虫防治要坚持“预防为主、科学防治、依法治理、促进健康”的方针，以营林防治和物理防治为基础，生物防治为核心，无公害化防治为手段，综合应用营林、生物、物理、化学防治等措施，有效控制病虫害。

山核桃病害主要有枝枯病、干腐病和褐斑病。枝枯病可以在 4 月中旬至 5 月中旬用 70%甲基硫菌灵可湿性粉剂 800 倍液喷雾防治；防治干腐病，即树干流“黑水”，可用 80%的乙蒜素 100~200 倍液于 4 月上旬至 6 月下旬涂抹病斑；防治褐斑病可用 50%多硫可湿性粉剂于 5 月下旬至 7 月中旬喷雾。一般病害防治均为 7~10d 1 次，连用 2~3 次。虫害防治以山核桃蚜虫、山核桃天社蛾、山核桃蝗虫、胡桃豹夜蛾和天牛 5 类为主。其防治方法有树冠喷雾法、打孔滴药法、诱杀法和挖蛹及人工捕杀法等。其常用农药有吡虫啉、美曲膦酯和氰戊菊酯等。打孔滴药法是防治山核桃蚜虫的主要方法，其要领是用专用山核桃小尖斧在树干离地 1m 处螺旋状打 3~4 个孔，要求孔深达木质部，用山核桃专用塑料瓶注入已配好的 1∶1 的 5%吡虫琳乳油。

第十节　桃园立体种养模式与实用技术

一、品种选择

（一）桃品种选择

我国桃品种极为丰富，据统计有 800 多个品种，用于生产的约为 60 个。桃品种依成熟期分为极早熟、早熟、中熟、晚熟和极晚熟 5 类。依果肉色泽可分为黄肉桃和白肉桃；依用途分为鲜食、加工、兼用品种及观花用的观赏桃等；依果实特性分为水蜜桃、油桃、蟠桃。生产中主要水蜜桃品种有：京春、春艳、北京 52 号、瑞红、早红蜜、仓方早生、沙红桃、雪雨露、京选 3 号、霞晖 5 号、霞脆、早玉、大久保、京玉等。蟠桃品种有：早露蟠桃、瑞蟠 8 号、瑞蟠 13 号、早魁蜜、农种等。油桃品种有：中油 11 号、瑞光 1 号、夏至红、金硕、双喜红、中油 4 号、瑞光美玉、红珊瑚、红油桃 4 号、金红等。不同地区选择桃品种时应当考虑环境特点与品种生长特性，做到适地适栽。桃不耐储运，不适宜栽植成熟期太集中的品种，另外，应当依据地方产品发展布局和规划选择品种，以利于做大市场，促进果品销售。

（二）大蒜品种选择

大蒜品种选择因生产目的、环境条件等而异。江浙一带种大蒜，若以采收蒜头为主，可选用徐州白蒜、山东白蒜；若以收蒜薹为主，可选用成都二水早。嘉兴白蒜则两者兼顾。

二、桃园栽培管理技术

（一）桃园土壤的改良

果园建园时土壤没有完全熟化，且桃采收与修剪时容易将土壤踩实，为促进根系生长，秋季结合施基肥对土壤进行深翻，这项工作也是秋冬季作物间作套种的需要。树冠投影圈外围深翻60cm，外翻50cm，其余地方翻深25cm左右。深翻时尽量不伤直径1cm以上的大根，结合深翻施有机肥，培肥土壤，以利于翌年扩大根系生长范围，从而促进树冠生长。

（二）施肥

据日本资料，成龄桃园每生产1 000kg桃果，需要氮、磷、钾的量分别是4.9kg、2.0kg、7.0kg。以此为依据可计算不同产量目标的桃园的需肥量。秋季结合深翻施有机肥，施肥量是全年的70%左右。生长季节追肥分4个时期：一是花前追肥，萌芽前10d左右，以追施氮肥为主；二是花后追肥，以速效氮肥为主，配合补充速效磷、钾肥，以提高坐果率，促进幼果生长，减少落果，促进幼果和新梢生长；三是果实膨大和花芽分化期追肥，在生理落果后至果实进入迅速膨大期前，以速效氮、磷、钾为主，可大大提高叶片的光合效能，并促进树体养分的积累，既有利于果实膨大，又有利于花芽分化；四是果实生长后期或采果后追肥，有利于早、晚熟品种果实着色，增大果个，提高固形物，又可增加树体营养，以磷、钾肥为主，配合一定量的氮肥。

（三）灌溉和排渍

桃树对水分较为敏感，表现为较耐旱而怕涝。自萌芽开花到果实成熟需要充足的水分供应，但在生长期如果土壤含水量过高或积水，则会因为土壤中氧气不足，根系呼吸受阻而生长不良，轻者影响产量和品质，严重时树体死亡。

花期一般不宜灌水，以免引起落花落果，应在萌芽前灌水，以促进萌芽、开花，提高坐果率。幼果膨大期需水量大，此时江南地区正是雨季，除特别干旱外可不灌水，果实生长后期水过多时会造成裂果、裂核，因此，要控制灌水量。灌水方式以沟灌为主，有条件的地方可采用喷灌或滴灌。

江南地区春季和梅雨季节雨水较多，为方便排水，一方面要定期清理畦间排水沟，保证排水通畅，另一方面在果园内还要设计总排水沟，要求在大雨后几个小时内能将积水排走。

（四）整形修剪

桃树主要树形有三主枝自然开心形、二主枝自然开心形、纺锤形、倾斜单干形四种，三主枝自然开心形是目前我国桃树生产中的主要树形，这种树形符合桃树喜光照、干性弱等特点，主枝斜向延伸，侧枝着生在主枝外侧，主从分明，结果枝分布均匀，树体见光好，果实品质优。

桃树一般在定植后3~4年进入盛果期，此期树体大小已经达到设计要求，整形工作已完成。此时要根据树龄、树势、品种和枝条着生部位进行精细的修剪，调整枝梢密度和生长势，控制树体大小，保持桃园良好的群体与树体结构，平衡树体不同部位的生长势，适时更新结果枝组和结果枝。

一般情况下夏季修剪3次，秋季修剪1次，冬季再修剪1次。第一次夏剪在5月下旬至6月上旬，此次夏剪主要有三项工作：一是调整延长枝，盛果初期生长势缓和，主侧枝生长角度不合适时，可选一个角度合适的副梢代替枝头。同时控制延长枝以下的枝量，并对其他副梢进行摘心；二是控制旺枝，对旺枝一般在长度30~40cm时进行控制，使其转变成结果枝。旺枝生长长度超过30cm时，可留基部2个副梢，将主梢剪除。其上角度小、长势旺的副梢生长超过20cm时进行摘心或扭梢；三是更新结果枝，对于因疏剪过密枝，而在结果枝组或果枝的基部发出的新梢，如果该部位结果枝组或果枝生长很弱，则将结果枝组或过长、过密的结果枝组进行回缩或疏剪。

第二次夏剪在6月中旬至7月上旬，目的是控制旺长，调节树势，节省养分，促进果实发育与花芽分化。对6月中下旬发出部位高、不能利用的旺枝、副梢，要剪去主梢，留下部的两个副梢，控制生长，使之转变为结果枝。

第三次夏剪在 7 月中旬至 8 月上旬进行，修剪的目的和方法与第二次相同。

第四次修剪也称为秋剪。一般是在新梢停止加长生长后进行，一般为 9 月下旬至 10 月初进行，目的是使树体通风透光，促进枝条充实和花芽分化。主要是疏除影响光照的过密枝、旺长枝及发生较晚、不能正常生长、分化花芽的细弱枝。对前几次夏剪时控制不住的旺枝从基部疏除。树冠内部过多、过长的徒长性果枝和较粗壮的长果枝，影响通风透光时，可疏去 1/4 左右。新出现的二、三次副梢，生长幼嫩，消耗养分，可将其从基部疏除。

冬剪主要采用疏枝、回缩、短截等修剪方法，对骨干枝的延长枝、结果枝组进行修剪处理。经过精细夏剪和秋剪的桃树，冬季修剪量大大减轻。骨干枝延长枝一般剪留 30～40cm，留侧芽，小枝不宜保留过多。

衰老树树势下降，修剪的主要任务是回缩、更新骨干枝，利用内膛萌发的徒长枝培养枝组，注意枝组的更新复壮，以维持树势，保持一定的产量。衰老期修剪主要是以冬季修剪为主。修剪时，应利用适当部位的大型枝组代替已衰弱的骨干枝，尽量保持内膛和下部发生的徒长枝，将其培养成结果枝组，以填补秃裸和空缺部位。对结果枝组要进行回缩，短截更新，尽可能多留预备枝，剪除细弱枝，调节养分，使其集中于有用的枝条。夏季利用背上和内膛的徒长枝和直立枝，使其转化为结果枝组或更新枝。

（五）疏花疏果

桃树适宜疏花期在现蕾期至花期。留花蕾的标准是长果枝留 5~6 个单花蕾，中果枝留 3～4 个，短果枝和花束状果枝留 2~3 个健壮花蕾，预备枝上不留。长果枝留中间至中前部的花蕾，短果枝留前部花蕾，双花芽的节位一般选留果枝两侧或斜下侧的一个花蕾。一般情况下，全树疏花蕾量在50%～60%。

疏果在生理落果之后进行，在落花后5～6周。首先疏除发育不良的小果、双果、畸形果、病虫果，其次是着生直立的朝天果、无叶果枝上的果，选留果形大、形状端正、生长比较均匀的果。应当根据树势、树龄和生产条件等确定留果量。长果枝留2～4个，中果枝留1～3个，短果枝、弱枝不留果，壮枝留1个，花束状枝一般不留果，壮的可留1个果。各类果枝留果量还取决于果形大小，大果形品种少留果，小果形品种多留果。

（六）果实套袋

套袋在疏果定果后或生理落果结束后，在当地为害果实的主要病虫害发生前进行，在5月中下旬至6月初。生产上可选用的果袋种类很多，如报纸袋、牛皮纸袋、石蜡纸袋、双层复合纸袋等，无论选择哪种袋，都可起到一定的作用，但应注意袋的通气性要良好，要有一定的抗雨水冲刷和抗老化能力。套袋前喷1次杀虫剂、杀菌剂，注意不要将叶片套于袋内。采前2～5d摘袋，解袋时如日照强、气温高，果实易发生日灼，需先将袋体撕开，使其在果实上方呈一伞形，以遮挡直射光。

（七）主要病虫害防治技术

1. 病害防治

桃树主要病害有缩叶病、褐腐病、炭疽病、褐锈病、流胶病等。缩叶病防治方法是桃芽萌动至花苞露红期，喷施70%甲基硫菌灵可湿性粉剂1 000倍液或50%多菌灵可湿性粉剂500倍液，或与70%代森锰锌可湿性粉剂500倍液、5%井冈霉素水剂500倍液交替使用。特别在雨后最好喷药防治。褐腐病防治方法是初花期、谢花后、幼果期、套袋前施药预防，用50%多菌灵可湿性粉剂500倍液、50%咪鲜胺乳油800倍液或65%代森锌可湿性粉剂500倍液，或70%甲基硫菌灵可湿性粉剂800～1 000倍液均匀喷施，连续喷施2～3次。炭疽病防治方法是，萌芽前喷 3~4 波美度的石硫合剂加 80%的五氯酚钠 200~300 倍液，或 1∶1∶100 波尔多液，铲除病源。谢花后喷洒 50%咪鲜胺乳油 1 000 倍液加 75%百菌清可湿性粉剂 800 倍或 65%代森锌可湿性粉剂 600 倍液。褐锈病防治方法是清除初次侵染源，发病初期施药防治。用敌力脱 5 000 倍或三唑酮 500 倍液。流胶病又可分为非侵染性流胶病和侵染性流胶病两种。防治方法是：①加强肥水管理，增强树势，提高抗病性能；②科学修剪，注意生长季节及时疏枝回缩，冬季修剪少疏枝，减少枝干伤口，注意疏花疏果，减少负载量；③在生长季节及时用药，每 10~15d 喷洒一次 600 倍 50%超微多菌灵可湿性粉剂稀释液，或 1 000 倍 70%超微甲基硫菌灵可湿性粉剂、800 倍 72%杜邦克露可湿性粉剂、600 倍 50%退菌特可湿性粉剂、1 500 倍 50%苯菌灵可湿性粉剂稀释液。注意以上药剂必须交替使用。

2. 虫害防治

桃树主要害虫有桑盾蚧、桃潜蛾、蚜虫、桃小食心虫等。桑盾蚁 1 年发生 3 代，以雌成虫在树干上越冬。第一、二、三代卵孵盛期分别为 4 月上中旬、6 月下旬至 7 月上旬、8 月下旬至 9 月上旬。卵孵化盛期喷施 700~1 000 倍液的速扑杀。桃潜蛾 1 年发生 6 代，以幼虫在茧内越冬。各代成虫盛发期分别为：4 月中下旬、5 月中下旬、6 月中下旬、7 月中旬、7 月底至 8 月上旬、8 月下旬至 9 月上旬。防治方法：一是及时清除虫叶，减少虫源；二是喷施 3 000 倍液的 2.5%三氟氯氰菊酯乳油。桃蚜分两种，红色型和粉色型，1 年可发生多代，以卵越冬。用 25%噻虫嗪水分散粒剂 2 500~5 000 倍液或者 2.5%三氟氯氰菊酯乳油 2 500~5 000 倍液喷施。桃小食心虫 1 年发生 3~4 代，以老熟幼虫在土壤中结茧越冬。以第一代幼虫为害最重，发生时间为 4 月中下旬至 5 月中旬。第二代以后已套袋，不再造成为害。防治方法：一是及时套袋；二是成虫羽化和幼虫盛发期喷施 1.5%三氟氯氰菊酯乳油 2 000 倍液，也可用 55%氯氰·毒死蜱乳油 2 000 倍液。

三、秋播大蒜栽培管理技术

（一）播种

以桃树行为中心线，在左右两侧种两畦大蒜，畦边距桃中心线 60cm，畦宽 120cm。大蒜播种的最佳时期是使植株在越冬前长到 5~6 片叶，此时植株抗寒力最强，在严寒冬季不致被冻死，并为植株顺利通过春化打下良好的基础。长江流域 9 月中下旬播种，天气凉爽，适于大蒜幼苗出土和生长。

密植是增产的基础，应按品种的特点做到适当密植，早熟品种一般植株较矮小，每亩 25 000 株左右，行距为 14~17cm，株距为 7~8cm，每亩用种 100~120kg。中晚熟品种生育期长，植株高大，密度相应小些，每亩栽 20 000 株左右，行距 16~18cm，株距 10cm 左右，每亩用种 70~80kg。

大蒜播种一般适宜深度为 3~4cm。播种方法有两种：一是插种，即将种瓣插入土中，播后覆土，踏实；二是开沟播种，将种瓣点播土中。边开沟边播种，开出的土覆在前一行种瓣上。播后覆土厚度 2cm 左右，踏实，浇透水。

（二）施肥

大蒜幼苗生长期虽有种瓣营养，但为促进幼苗生长，增大植株的营养面积，生长期应适期追肥。由于大蒜根系吸收水肥的能力弱，故追肥应施速效肥，以免脱肥而出现叶尖发黄。大蒜追肥一般为 4 次：一是催苗肥，在大蒜出齐苗后，施 1 次清淡人粪尿提苗，忌施碳酸氢铵，以防烧伤幼苗；二是盛长肥，播种后 60~80d，重施 1 次腐熟人畜肥加化肥，每亩 500~700kg 人畜肥、硫酸铵 5kg、硫酸钾或氯化钾 3kg，做到早熟早追，迟熟迟追；三是孕薹肥，种蒜烂母后，花芽和鳞芽陆续分化进入花茎伸长期，此期旧根衰老，新根大量发生，同时茎叶和蒜薹也迅速伸长，蒜头也开始缓慢膨大，因而需养分多，应重施速效钾、氮肥，每亩各施 5~7kg；四是蒜头膨大肥，早熟品种由于蒜苗头膨大时气温还不高，蒜头膨大期相应较长，为促进蒜头肥大，须于蒜薹采收前追施速效氮、钾肥，每亩各施 3~5kg。晚熟品种不用施膨大肥。

（三）水分管理

为防止秋冬桃树徒长，大蒜栽培时要控制浇水量，除非特别干旱，地皮发白再浇水。越冬后气温渐渐回升，幼苗又开始进入旺盛生长，应及时灌水，以促进蒜叶生长和假茎增粗。抽薹期现尾后要连续灌水，以水促苗，直到收薹前 2~3d 才停止浇水，以利于贮运。蒜薹采收后立即浇水以促进蒜头迅速膨大和增重。收获前 5d 停止浇水，控制生长势，促进叶部的同化物质加速向蒜头转运。

（四）中耕除草

可从播种至出苗前喷除草剂。喷施扑草净对防除蒜地的马唐、灰灰菜、寥、狗尾草等有效。每亩喷施 50%扑草净 100g，或 20%莠去津 100~150g，或 20%二甲戊灵 25~40g，均可有效地杀灭草害。蒜苗幼苗生长期，当杂草刚萌生时即进行中耕，对株间难以中耕的杂草也要及早拔除，以免其与蒜苗争肥。

（五）病虫害防治

大蒜常见病害有大蒜白腐病、大蒜病毒病和大蒜叶斑病。防治白腐病最好的方法是轮作，避免与葱蒜类蔬菜连作。发病较重时可在播种前用蒜苗瓣重量 50%的多菌灵可湿性粉剂拌种，并加强田间管理，发现病株及时挖除。大蒜病毒病在我国各大蒜产连作，减少田间的自然传毒。加强水肥管理，防止早衰，提高大蒜的抗病能力。在蚜虫迁飞的季节，及时喷施加 40%乐果乳油 1 000 倍液或 20%氰戊菊酯乳油 3 000 倍液消灭蚜虫，减少病毒的传播。叶斑病治理方法是用 70%百菌清可湿性粉剂 500

倍液，或65%代森锌可湿性粉剂500倍液喷施。

（六）收获

1. 青蒜收割

大蒜作青蒜栽培时应采用宽幅密播，每亩用种量200~300kg，并适当加大用肥量，收获一次青蒜要追1次肥。

2. 采收蒜薹

当蒜薹抽出叶鞘开始甩弯时，是采收蒜薹的适宜时期。米收蒜蔓最好在晴天中午和午后进行，此时植株有些萎蔫，叶鞘与蒜薹容易分离，并且叶片有韧性，不易折断，可减少伤叶。

3. 收蒜头

收蒜薹后15~20d即可收蒜头。收蒜头的适期标志为：叶片大都干枯，上部叶片褪色呈灰绿色，叶尖干枯下垂，假茎处于柔软状态，蒜头基本长成。采收蒜头时，如土地干硬时应用铁锨挖出，土地松软时可直接用手拔出。起蒜后运到晒场上，将后一排的蒜叶搭在前一排的蒜头上，只晒叶，不晒蒜头，防止蒜头灼伤或变绿。经常翻动，2~3d后茎叶干燥即可贮藏。

参考文献

北京市园林绿化局产业发展处. 2013. 果树高产高效现代化栽培创新技术 [M]. 北京：科学技术文献出版社.

郭民. 2005. 安全、优质、高效果树栽培新技术丛书 [M]. 杨凌：西北农林科技大学出版社.

王慧珍. 2018. 现代果树优质高效栽培 [M]. 北京：中国农业出版社.

王金政. 2010. 果树优质高效栽培关键技术 [M]. 济南：山东科学技术出版社.

张天柱. 2013. 果树高效栽培技术 [M]. 北京：中国轻工业出版社.